Dietmar Herrmann

Angewandte Matrizenrechnung

40 BASIC-Programme
12 Anwendungen

Anwendung von Mikrocomputern

Herausgegeben von Dr. Harald Schumny

Die Buchreihe behandelt Themen aus den vielfältigen Anwendungsbereichen des Mikrocomputers: Technik, Naturwissenschaften, Betriebswirtschaft. Jeder Band enthält die vollständige Lösung von Problemen, entweder in Form von Programmpaketen, die der Anwender komplett oder in Teilen als Unterprogramme verwenden kann, oder in Form einer Problemaufbereitung, die dem Benutzer bei der Software- und Hardware-Entwicklung hilft.

Anwendung von Mikrocomputern   Band 10

Dietmar Herrmann

Angewandte Matrizenrechnung

40 BASIC-Programme
12 Anwendungen

Springer Fachmedien Wiesbaden GmbH

Das in diesem Buch enthaltene Programm-Material ist mit keiner Verpflichtung oder Garantie irgend-
einer Art verbunden. Der Autor übernimmt infolgedessen keine Verantwortung und wird keine daraus
folgende oder sonstige Haftung übernehmen, die auf irgendeine Art aus der Benutzung dieses Programm-
Materials oder Teilen davon entsteht.

1985

</p>

Umschlaggestaltung: Peter Lenz, Wiesbaden
Satz: Vieweg, Braunschweig

ISBN 978-3-528-04324-7   ISBN 978-3-322-96322-2 (eBook)
DOI 10.1007/978-3-322-96322-2</p>

Vorwort

Längst ist die Anwendung von Matrizen über die lineare Algebra hinausgewachsen. Der vielfältige Einsatz von Matrizen in der angewandten Mathematik in

- numerischer Geometrie (Computergraphik)
- Markowketten-Theorie
- Optimierung
- Spieltheorie
- Codierungstheorie
- Graphentheorie

wird in diesem Buch ebenso dargestellt wie die Anwendung in Natur- und Gesellschaftswissenschaften

- Soziologie
- Operations Research
- Biologie/Ökologie
- Astronomie u.a.

Zum anderen bietet der Band eine Programmsammlung für grundlegende Matrizenoperationen wie

- Potenzieren
- Matrizeninversion
- Matrizenfunktionen
- Lösen von Gleichungssystemen
- Eigenwertberechnung

in Unterprogrammtechnik, die bei Bedarf in eigene Programme eingebaut werden können. Zahlreiche numerische Beispiele erläutern die dargestellten Algorithmen.

Die insgesamt 40 BASIC-Programme enthalten keine speziellen Maschinenbefehle und können daher leicht auf alle Mikrocomputer übertragen werden.

Dem Verlag und Herausgeber danke ich für die Herausgabe des Bandes und für die freundliche Zusammenarbeit.

Anzing, im Juni 1984 *Dietmar Herrmann*

Inhaltsverzeichnis

1 Einführung und Bezeichnungsweisen

Älter als der Begriff der *Matrix* ist der der *Determinante*. Er findet sich bereits 1678 in einem Manuskript von *G. W. Leibniz* (1646–1716). Lineare Gleichungssysteme mit Hilfe von Determinanten löste zum ersten Mal *C. Maclaurin* 1729, jedoch wurde das Werk „Treatise of Algebra" erst nach seinem Tod 1748 veröffentlicht. *Gabriel Cramer* (1704–1752) wandte dann die nach ihm benannten Regel 1750 in „Introduction a l'analyse des lignes courbes algebraiques" systematisch an, um die Koeffizienten der Kegelschnitte

$$A + By + Cx + Dy^2 + Exy + x^2 = 0$$

zu bestimmen. 1772 stellte *S. Laplace* (1749–1829) in den „Recherches sur le calcul integral" seinen Entwicklungssatz für Determinanten auf. Einen strengen Beweis dafür gab erst *A. L. Cauchy* (1789–1857) 1815 im Journal de l'Ecole Polytechnique. *H. Scherk* bewies 1825 das Verschwinden der Determinante bei linearer Abhängigkeit der Zeilen und Spalten; ferner zeigte er, daß die Determinante einer Dreiecksmatrix gleich dem Produkt der Diagonalelemente ist.

Die heutige Form der Determinante mit Doppelindizes und senkrechten Randlinien wurde 1841 von *A. Cayley* (1821–1895) eingeführt. 1840 hatte *J. J. Sylvester* (1814–1897) bewiesen, daß die Resultante zweier Polynome verschwindet, wenn sie mindestens eine Nullstelle gemeinsam haben. *E. C. Catalan* (1814–1894) und *C. G. J. Jacobi* legten 1839 und 1841 dar, wie sich die Differentiale eines Mehrfachintegrals mit Hilfe der Funktionaldeterminante transformieren lassen.

Ebenfalls um 1840 gab *K. Weierstraß* (1815–1857) eine von *Leibniz* unabhängige Definition der Determinante als homogene und lineare Funktion der Elemente jeder Zeile (vgl. [29]). Die Lösbarkeit von über- und unterbestimmten Gleichungssystemen mit Hilfe von Determinanten untersuchten 1861 und 1867 *H. J. S. Smiths* und *C. Dodgson*. Letzterer Mathematiker ist unter seinem Schriftsteller-Pseudonym *Lewis Carroll* populär geworden.

Der Begriff der *Matrix* findet sich zum erstenmal 1850 in einem Manuskript von *Sylvester*. Die erste Arbeit, in der Matrizen als eigenständige mathematische Objekte angesehen wurden, ist *Cayleys* „A Memoir on the Theory of Matrices" aus dem Jahr 1858. Im selben Jahr stellte *Cayley* den Satz auf, daß jede quadratische Matrix ihre charakteristische Gleichung erfüllt; heute Satz von *Cayley-Hamilton* genannt. Den Begriff der charakteristischen Gleichung hatte zuvor *Cauchy* 1840 geprägt. *C. Hermite* (1822–1901) zeigte 1855, daß die charakteristische Gleichung einer Matrix, die gleich ihrer transponierten und konjugiert-komplexen ist, nur relle Nullstellen hat. Zuvor hatte 1826 *Cauchy* in seinen „Leçons" gezeigt, daß die charakteristischen Polynome zweier Matrizen **A** und **B** übereinstimmen, wenn es eine nichtsinguläre Matrix **T** gibt mit

$$\mathbf{A} = \mathbf{T}^{-1}\mathbf{BT}.$$

K. Weierstraß verallgemeinerte 1868 die Theorie der quadratischen Formen zur Theorie der Bilinearformen. Wesentlichen Anteil am weiteren Ausbau der Matrizentheorie hatte dann *G. Frobenius* (1849–1917): 1878 bewies er den Satz von *Cayley-Hamilton* in allgemeiner Form. Im selben Jahr führte er den Begriff der Ähnlichkeitstransformation ein. 1879 schuf er den Begriff des Rangs einer Matrix. Ebenfalls zeigte er, daß eine Matrix diagonalähnlich ist, wenn ihr charakteristisches Polynom keine mehrfachen Nullstellen hat. 1870 erweiterte *C. Jordan* diese Theorie der Normalformen durch Einführung der Jordanschen Normalform.

G. Frobenius prägte ebenfalls die Begriffe Minimalpolynom, orthogonale Matrix und zeigte, daß symmetrische Matrizen durch elementare Zeilenumformungen in Diagonalmatrizen transformiert werden können. Die Eindeutigkeit des Minimalpolynoms zeigte *K. Hensel* 1904.

Als Metzler 1892 im American Journal of Mathematics die Reihenentwicklungen für die Matrizenfunktionen

$$e^A, \log A, \sin A$$

aufstellte, war damit ein gewisser Abschluß der klassischen Matrizenrechnung gefunden.

Die Matrizentheorie ist in letzter Zeit so verallgemeinert worden, daß sie nun ein Bestandteil der Funktionalanalysis und der Operatorenrechnung geworden ist. Für viele Anwendungen war es notwendig auch Matrizen über endlichen Körpern oder einer Booleschen Algebra zuzulassen; z.B. bei Inzidenzmatrizen in der endlichen Geometrie, Adjazenzmatrizen in der Graphentheorie und Kommunikationsmatrizen in der Soziologie. Die Matrizen sind somit zum wichtigen Hilfsmittel für die Charakterisierung von endlichen Strukturen geworden. Matrizen sind aber auch ein wesentliches Werkzeug für mathematische Anwendungen in Natur- und Ingenieurswissenschaften. Nicht nur im Hinblick auf die Quantenmechanik hat *P. G. Tait* (1831–1901) recht bekommen, als er sagte: „*Cayley* schmiedet die Waffen für eine künftige Generation von Physikern“.

Unter einer *Matrix* versteht man ein rechteckiges Schema von Elementen a_{ij} eines Körpers, meist $\mathbb{R}$ oder $\mathbb{C}$:

$$A = \begin{pmatrix} a_{11} & a_{12} & a_{13} & \cdots & a_{1m} \\ a_{21} & a_{22} & a_{23} & \cdots & a_{2m} \\ a_{31} & a_{32} & a_{33} & \cdots & a_{3m} \\ \cdots\cdots\cdots\cdots\cdots & & & \cdots & \cdots \\ a_{n1} & a_{n2} & a_{n3} & \cdots & a_{nm} \end{pmatrix}$$

a_{ij} ist somit das Element in der i-ten Zeile und der j-ten Spalte. Hat eine Matrix n Zeilen und m Spalten, so heißt sie „vom Typ (n, m)“. Gilt n = m, so ist die Matrix quadratisch von der Ordnung n.

Multipliziert man eine (n, m)-Matrix mit einem Vektor $\mathbf{x} \in \mathbb{R}^m$ so erhält man einen Vektor $\mathbf{y} \in \mathbb{R}^n$

$$A\mathbf{x} = \mathbf{y}$$

mit den Komponenten

$$y_k = \sum_{i=1}^{n} a_{ik} x_i.$$

Eine solche Matrix kann daher als Abbildung des $\mathbb{R}^m$ in den $\mathbb{R}^n$ angesehen werden. Verknüpft man zwei solcher Abbildungen $A: \mathbb{R}^m \to \mathbb{R}^n$ mit $B: \mathbb{R}^n \to \mathbb{R}^1$, so erhält man die Abbildung $C: \mathbb{R}^m \to \mathbb{R}^1$ mit

$$c_{ik} = \sum_{j=1}^{m} a_{ij} b_{ik} \quad i = 1, 2, \ldots, n; k = 1, 2, \ldots, 1.$$

Die so definierte Verknüpfung heißt *Matrizenmultiplikation*. Das Produkt AB ist somit nur definiert, wenn die Spaltenzahl von A mit der Zeilenzahl von B übereinstimmt. Matrizenpotenzen sind daher nur für quadratische Matrizen definiert. Die Matrizenmultiplikation ist im allgemeinen nicht kommutativ:

$$AB \neq BA,$$

nur spezielle Matrizen kommutieren miteinander.

Die *Addition von Matrizen* ist elementweise definiert; es können daher nur Matrizen vom gleichen Typ addiert werden

$$A + B = C$$
mit
$$c_{ik} = a_{ik} + b_{ik}; \quad i = 1, 2, \ldots, n; k = 1, 2, \ldots, m.$$

Auch die *skalare Multiplikation* ist elementweise erklärt

$$B = \lambda A$$
mit
$$b_{ik} = \lambda a_{ik}; \quad \lambda \in \mathbb{R}.$$

Die Menge aller Matrizen vom Typ (n, m) stellt mit Matrizenaddition und skalarer Multiplikation einen *Vektorraum* über $\mathbb{R}$ dar. Durch Einführung einer Norm kann dieser Vektorraum zu einem normierten Raum erweitert werden. In Verallgemeinerung der Vektornormen:

$$\| x \|_1 = \sum_{i=1}^{n} |x_i|$$

$$\| x \|_2 = \left(\sum_{i=1}^{n} |x_i|^2 \right)^{1/2}$$

$$\| x \|_\infty = \max_i |x_i|$$

definiert man

$$\| A \|_1 = \max_k \sum_{i=1}^{n} |a_{ik}|$$

$$\| A \|_2 = \left(\sum_{i=1}^{n} \sum_{k=1}^{m} |a_{ik}|^2 \right)^{1/2}$$

$$\| A \|_\infty = \max_i \sum_{k=1}^{m} |a_{ik}|.$$

Eine *Vektornorm* ist mit einer *Matrixnorm* kompatibel, wenn gilt

$$\|Ax\| \leqslant \|A\| \cdot \|x\|.$$

Zusätzlich muß noch gefordert werden

$$\|AB\| \leqslant \|A\| \cdot \|B\|.$$

Diese Normen stellen eine obere Schranke für die Eigenwertbeträge der Matrizen dar:

$$|\lambda| \leqslant \|A\|.$$

Mit Hilfe dieser Normen kann insbesondere der Begriff der *Konvergenz von Matrizenfolgen* definiert werden:

$$\lim_{k \to \infty} A_k = B \quad \text{genau dann, wenn gilt } \|A_k - B\| \text{ ist Nullfolge.}$$

Sind alle *Eigenwerte* $|\lambda| < 1$, so gilt

$$\lim_{k \to \infty} A^k = 0.$$

Vertauscht man bei einer Matrix Zeilen und Spalten, so erhält man die *Transponierte* A^T. Gilt im Reellen

$$A = A^T$$

so heißt A *symmetrisch*. Ist im Komplexen eine Matrix gleich ihrer transponierten, konjugiert-komplexen Matrix A^H, so heißt A *hermitesch*. Matrizen mit verschwindender Determinante heißen *singulär*. Für nichtsinguläre Matrizen A existiert eine inverse Matrix A^{-1} mit

$$AA^{-1} = A^{-1}A = E.$$

E kennzeichnet die *Einheitsmatrix*; sie ist eine spezielle Diagonalmatrix mit

$$e_{ik} = \begin{cases} 1 \text{ für } i = k \\ 0 \text{ für } i \neq k. \end{cases}$$

Matrizen mit den Eigenschaften

$$A^T A = E$$

bzw.

$$A^H A = E$$

heißen *orthogonal* bzw. *unitär*. Für solche Matrizen stellt A^T bzw. A^H die inverse Matrix dar. Daraus folgt, daß mit jedem Eigenwert auch sein Kehrwert Eigenwert ist; d.h. die Eigenwerte sind vom Betrag 1.

Die Summe der Diagonalelemente einer Matrix nennt man die *Spur* $Sp(A)$. Die maximale Anzahl von linear unabhängigen Zeilenvektoren heißt *Rang* $Rg(A)$. Rang und Determinante ändern sich nicht beim Transponieren und bei linearen Zeilen- und Spaltenumformungen. Gilt $Rg(A) = r$, so verschwinden alle Unterdeterminanten der Ordnung $> r$.

Eine Matrix heißt *diagonal-dominant*, wenn gilt

$$\sum_{\substack{k=1 \\ k \neq i}}^{n} |a_{ik}| \leqslant |a_{ii}|$$

und strikt diagonal-dominant, wenn stets die Ungleichung gilt.

Eine Matrix heißt *reduzibel*, wenn sie durch eine Permutation der Spalten und Zeilen auf die Form

$$A = \begin{pmatrix} B & 0 \\ C & D \end{pmatrix}$$

mit quadratischen Matrizen B und D gebracht werden kann, andernfalls irreduzibel.

Gilt für eine quadratische Matrix

$$Ax = \lambda x$$

mit $\lambda \in \mathbb{R}, \mathbb{C}$ und $x \neq 0$, so heißt λ ein *Eigenwert* von A zum Eigenvektor x. Eigenwerte nichtsymmetrischer, reeller Matrizen sind nicht notwendig reell. Es gilt

$$Sp(A) = \sum_{i=1}^{n} \lambda_i; \quad Det(A) = \prod_{i=1}^{n} \lambda_i.$$

Ein Eigenwert heißt *dominant*, wenn sein Betrag die Beträge der anderen übertrifft. $Det(A - \lambda E)$ heißt die *charakteristische Gleichung der Matrix*. Die Nullstellen des charakteristischen Polynoms sind genau die Eigenwerte der Matrix. Es gilt der Satz von *Cayley-Hamilton*: Jede quadratische Matrix erfüllt ihre eigene charakteristische Gleichung.

Eine Matrix A heißt *normal*, wenn sie mit ihrer hermiteschen kommutiert:

$$AA^H = A^H A.$$

Normale Matrizen sind spezielle diagonalähnliche Matrizen, die mit Hilfe einer nicht-singulären Matrix T auf Diagonalform gebracht werden können:

$$T^{-1} AT = D.$$

Dabei enthält D in der Diagonale die Eigenwerte von A. Für symmetrische bzw. hermitesche Matrizen kann T orthogonal bzw. unitär gewählt werden. Eine Matrix ist genau dann diagonalähnlich, wenn der Rangabfall der Matrix $A - \lambda E$ gleich der Vielfachheit des Eigenwerts λ ist. Dies ist insbesondere der Fall, wenn alle Eigenwerte voneinander verschieden sind. Diagonalähnliche, aber nicht normale Matrizen heißen normalisierbar. Nicht-diagonalähnliche Matrizen können auf *Jordan-Normalform* gebracht werden:

$$T^{-1} AT = J.$$

Dabei enthält J in der Diagonale die Eigenwerte von A und Nullen und Einsen in der Überdiagonale; sonstige Elemente von J verschwinden.

Eine Matrix heißt *nichtnegativ*, wenn alle Elemente nichtnegativ sind:

$$A \geqslant 0$$

entsprechend positiv für

$$A > 0.$$

Für nichtnegative und irreduzible Matrizen der Ordnung n gilt

$$(A + E)^{n-1} > 0.$$

Nichtnegative Matrizen haben einen positiven, dominanten Eigenwert λ_{max}, der einfach ist. Es gilt der Satz von *Perron-Frobenius*

$$\min_j \sigma_j \leqslant \lambda_{max} \leqslant \max_j \sigma_j$$

mit den Zeilensummen

$$\sigma_i = \sum_{k=1}^{n} a_{ik}.$$

Dieser dominante Eigenwert hat einen Eigenvektor mit positiven Elementen.

Eine Matrix heißt *stochastisch*, wenn sie nichtnegativ ist und alle Zeilensummen den Wert 1 haben. Produkte und Potenzen stochastischer Matrizen sind wieder stochastisch. Nach dem Satz von *Perron-Frobenius* ist $\lambda = 1$ ein dominanter Eigenwert, falls die Matrix irreduzibel ist. Für reduzible, stochastische Matrizen kann der Eigenwert 1 mehrfach auftreten. Eine nichtnegative Matrix ist genau dann stochastisch, wenn der Vektor $x = (1, 1, \ldots, 1)^T$ Eigenvektor zum Eigenwert 1 ist. Dies folgt aus der Gleichung

$$Ax = x.$$

Spezielle stochastische Matrizen sind die (homogenen) *Markowketten* **P**. Gilt für eine Potenz

$$P^k > 0,$$

so heißt **P** *regulär*. Reguläre Markowketten sind notwendigerweise irreduzibel und haben 1 als einfachen Eigenwert. Für sie existiert die Grenzmatrix

$$\lim_{k \to \infty} P^k = P^\infty.$$

Diese hat den Rang 1; d.h. alle Zeilen stimmen überein.

Für $x \in \mathbb{R}^n$ mit $x \neq 0$ heißt

$$Q(x) = x^T A x$$

quadratische Form. Q bzw. **A** heißen *positiv definit*, wenn gilt

$$x^T A x > 0,$$

positiv semidefinit für

$$x^T A x \geqslant 0,$$

entsprechend negativ definit bzw. negativ semidefinit für

$$x^T A x < 0 \qquad \text{bzw.} \qquad x^T A x \leqslant 0.$$

Notwendige Kriterien für die Positiv-Definitheit einer Matrix $\mathbf{A}$ sind

$$a_{ii} > 0$$

bzw. $\qquad\qquad\qquad i, k = 1, 2, \ldots, n$

$$a_{ik}^2 < a_{ii}a_{kk} \qquad i \neq k.$$

Das größte Element muß notwendigerweise in der Diagonale stehen. Notwendig und hinreichend ist, daß die Matrix irreduzibel, symmetrisch, diagonal-dominant ist und nur positive Diagonalelemente besitzt.

Eine positiv definite Matrix hat nur Eigenwerte mit positiven Realteil. Entsprechend haben negativ definite Matrizen solche mit negativen Realteil. Ein notwendiges Kriterium für die Negativ-Definitheit der Matrix $\mathbf{A}$ ist

$$Sp(\mathbf{A}) < 0.$$

Definite quadratische Formen stellen streng konvexe bzw. streng konkave Funktionen dar.

Symmetrische quadratische Formen können durch orthogonale Transformationen auf besonders einfache Form gebracht werden (*Hauptachsentransformation*). Bei diesen Transformationen bleiben die Eigenwerte, der Rang der Matrix und die Zahl der positiven Eigenwerte unverändert (*Sylvesterscher Trägheitssatz*); sie können daher zur Klassifikation von Kurven und Flächen 2. Ordnung dienen.

Um die Schreibweise zu vereinfachen, soll für das Folgende vereinbart werden, daß alle auftretenden Matrizenterme wie $\mathbf{AB}$, $\mathbf{A}^n$ und $\mathbf{A}^{-1}$ usw. auch definiert sind.

2 Grundlegende Matrizenoperationen

2.1 Potenz einer Matrix

Matrizenpotenzen werden bei vielen Anwendungen benötigt. In der Graphentheorie gibt das Element a_{ik} der m-ten Potenz der Adjazenzmatrix die Anzahl der Wege der Länge m vom Knoten i zum Knoten k [22]. Multipliziert man den Anfangs- oder Startvektor x_0 mit der n-ten Potenz der *Markowkette,* der *Leslie-Matrix* (siehe Abschnitt 14.1) oder der Matrix einer Differenzengleichung, so erhält man den n-ten Zustandsvektor

$$x_n = A^n x_0 .$$

Für die reguläre Markowkette stellt ein Zeilenvektor einer hohen Matrixpotenz den stationären Zustand dar.

Die gewünschte Potenz wird im Programm sehr effektiv durch wiederholtes Quadrieren berechnet. Stellt man den Exponenten, z. B. 30, als Summe von Zweierpotenzen dar

$$30 = 16 + 8 + 4 + 2,$$

so gilt

$$A^{30} = A^{16+8+4+2} = A^{16} \cdot A^8 \cdot A^4 \cdot A^2 .$$

Die auftretenden Zweierpotenzen können sehr schnell durch wiederholtes Potenzieren berechnet werden.

Als Programmbeispiel wird die Grenzmatrix P^∞ der ergodischen Markowkette

$$P = \begin{pmatrix} 1 & 0 & 0 & 0 & 0 & 0 \\ 0 & .2 & .8 & 0 & 0 & 0 \\ 0 & 0 & .2 & .8 & 0 & 0 \\ 0 & 0 & 0 & .2 & .8 & 0 \\ 0 & 0 & 0 & 0 & .2 & .8 \\ 0 & 0 & 0 & 0 & 0 & 1 \end{pmatrix}$$

näherungsweise über die 64. Potenz berechnet. Diese Markowkette kann als Ausbreitung einer Krankheit mit 5 Stadien gedeutet werden. Jeder Kranke verbleibt mit 20 % Wahrscheinlichkeit in seinem bisherigen Stadium oder fällt mit 80 % Wahrscheinlichkeit ins nächste Stadium. Gesunde bleiben gesund, Tote bleiben tot.

Es ergibt sich die Grenzmatrix

$$P^\infty = \begin{pmatrix} 1 & 0 & 0 & 0 & 0 & 0 \\ 0 & 0 & 0 & 0 & 0 & 1 \\ 0 & 0 & 0 & 0 & 0 & 1 \\ 0 & 0 & 0 & 0 & 0 & 1 \\ 0 & 0 & 0 & 0 & 0 & 1 \\ 0 & 0 & 0 & 0 & 0 & 1 \end{pmatrix}$$

Sie zeigt, daß alle Kranken mit dem Tod enden. Dies ist kein Wunder, daß bei diesem Modell keine Gesundung vorgesehen ist.

Die Ordnung der Matrix, die gewünschte Potenz und die Matrix selbst wird im Programm in Form von DATA-Werten eingelesen. Das Potenzieren ist als Unterprogramm geschrieben mit den Zeilen 5000—5460. Es kann mit dem Befehl GOSUB 5000 aufgerufen werden.

Eine weitere Möglichkeit Matrizenpotenzen zu berechnen bieten die Matrizenfunktionen (vgl. nächsten Abschnitt).

```
5000 REM PROZEDUR MATRIXPOTENZ....................
5010 REM...........................................
5020 REM EINGANGSPARAMETER.........................
5030 REM..............N ORDNUNG DER MATRIX.........
5040 REM..............A(N,N)..MATRIX...............
5050 REM..............P GEWUENSCHTE POTENZ
5060 REM...........................................
5070 REM AUSGANGSPARAMETER.........................
5080 REM............P(N,N)POTENZ.MATRIX...........
5090 REM...........................................
5100 REM LOKALE PARAMETER..........................
5110 REM I,J,M,S,K,Y(N,N)..........................
5120 DIM Y(N,N)
5130 M=P
5140 IF M/2=INT(M/2) THEN 5300
5150 FOR I=1 TO N
5160 FOR J=1 TO N
5170 S=0
5180 FOR K=1 TO N
5190 S=S+P(I,K)*X(K,J)
5200 NEXT K
5210 Y(I,J)=S
5220 NEXT J
5230 NEXT I
5240 FOR I=1 TO N
5250 FOR J=1 TO N
5260 P(I,J)=Y(I,J)
5270 NEXT J
5280 NEXT I
5290 :
5300 M=INT(M/2)
5310 FOR I=1 TO N
5320 FOR J=1 TO N
5330 S=0
5340 FOR K=1 TO N
5350 S=S+X(I,K)*X(K,J)
5360 NEXT K
5370 Y(I,J)=S
5380 NEXT J
5390 NEXT I
5400 FOR I=1 TO N
5410 FOR J=1 TO N
5420 X(I,J)=Y(I,J)
5430 NEXT J
5440 NEXT I
5450 IF M>0 THEN 5140
5460 RETURN
```

```
100 REM AUFRUF PROZEDUR MATRIXPOTENZ
110 :
120 READ N:REM MATRIXORDNUNG
130 READ P:REM POTENZ
140 DIM X(N,N),P(N,N)
150 :
160 REM EINLESEN DER MATRIX
170 FOR I=1 TO N
180 FOR J=1 TO N
190 READ X(I,J):P(I,J)=0
200 NEXT J
210 P(I,I)=1
220 NEXT I
230 :
240 REM PROZEDURAUFRUF
250 GOSUB 5000
260 :
270 PRINT P;".TE POTENZ"
280 FOR I=1 TO N
290 FOR J=1 TO N
300 PRINT P(I,J);
310 NEXT J:PRINT
320 NEXT I
330 END
340 :
350 DATA 6,64
360 DATA 1,0,0,0,0,0
370 DATA 0,.2,.8,0,0,0
380 DATA 0,0,.2,.8,0,0
390 DATA 0,0,0,.2,.8,0
400 DATA 0,0,0,0,.2,.8
410 DATA 0,0,0,0,0,1

READY.
```

```
MATRIXPOTENZ

64.TE POTENZ
1  0  0  0  0  0
0  0  0  0  0  1
0  0  0  0  0  1
0  0  0  0  0  1
0  0  0  0  0  1
0  0  0  0  0  1
```

2.2 Matrizen-Funktion

Analog einer Matrix, die in ihr charakteristisches Polynom eingesetzt die Gleichung erfüllt, lassen sich Matrizenfunktionen durch Ersatzpolynome $\varphi(\mathbf{A})$ darstellen. Ersatzpolynome bestimmt man entweder über Polynomdivision oder durch eine Interpolationsformel [3, 7].

Die *Lagrange-Interpolationsformel*

$$p(x) = \sum_{i=1}^{n} f(x_i) \prod_{\substack{j=1 \\ i \neq j}}^{n} \frac{x - x_i}{x_j - x_i}$$

läßt sich auch auf Matrizen übertragen:

$$\varphi(\mathbf{A}) = \sum_{i=1}^{n} f(\lambda_i) \prod_{\substack{j=1 \\ i \neq j}}^{n} \frac{\mathbf{A} - \lambda_i \mathbf{E}}{\lambda_j - \lambda_i},$$

dabei stellt $\mathbf{E}$ die Einheitsmatrix dar. Damit die auftretenden Nenner nicht verschwinden, müssen die Eigenwerte der Matrix $\mathbf{A}$ paarweise verschieden sein. Für Matrizen mit mehrfachen Eigenwerten kann die *Newtonsche Interpolationsformel* verwendet werden [3].

Für dreireihige Matrizen soll das Ersatzpolynom explizit hingeschrieben werden:

$$\varphi(\mathbf{A}) = f(\lambda_1) \frac{(\mathbf{A} - \lambda_2 \mathbf{E})(\mathbf{A} - \lambda_3 \mathbf{E})}{(\lambda_1 - \lambda_2)(\lambda_1 - \lambda_3)} + f(\lambda_2) \frac{(\mathbf{A} - \lambda_1 \mathbf{E})(\mathbf{A} - \lambda_3 \mathbf{E})}{(\lambda_2 - \lambda_1)(\lambda_2 - \lambda_3)}$$

$$+ f(\lambda_3) \frac{(\mathbf{A} - \lambda_1 \mathbf{E})(\mathbf{A} - \lambda_2 \mathbf{E})}{(\lambda_3 - \lambda_1)(\lambda_3 - \lambda_2)}.$$

Als numerisches Beispiel wird die Matrix $\mathbf{A}$ und die Funktion

$$f(x) = e^x$$

$$\mathbf{A} = \begin{pmatrix} 1 & -1 & 1 \\ -1 & 1 & 1 \\ 1 & 1 & -1 \end{pmatrix}$$

behandelt. $\mathbf{A}$ hat die Eigenwerte 1, 2 und -2 jeweils einfach. Einsetzen liefert

$$\varphi(\mathbf{A}) = \frac{e}{-3} \begin{pmatrix} -1 & -1 & 1 \\ -1 & -1 & 1 \\ 1 & 1 & -3 \end{pmatrix} \begin{pmatrix} 3 & -1 & 1 \\ -1 & 3 & 1 \\ 1 & 1 & 1 \end{pmatrix}$$

$$+ \frac{e^2}{4} \begin{pmatrix} 0 & -1 & 1 \\ -1 & 0 & 1 \\ 1 & 1 & -2 \end{pmatrix} \begin{pmatrix} 3 & -1 & 1 \\ -1 & 3 & 1 \\ 1 & 1 & 1 \end{pmatrix}$$

$$+ \frac{e^{-2}}{12} \begin{pmatrix} 0 & -1 & 1 \\ -1 & 0 & 1 \\ 1 & 1 & -2 \end{pmatrix} \begin{pmatrix} -1 & -1 & 1 \\ -1 & -1 & 1 \\ 1 & 1 & -3 \end{pmatrix}$$

$$= -\frac{e}{3} \begin{pmatrix} -1 & -1 & -1 \\ -1 & -1 & -1 \\ -1 & -1 & -1 \end{pmatrix} + \frac{e^2}{4} \begin{pmatrix} 2 & -2 & 0 \\ -2 & 2 & 0 \\ 0 & 0 & 0 \end{pmatrix} + \frac{e^2}{12} \begin{pmatrix} 2 & 2 & -4 \\ 2 & 2 & -4 \\ -4 & -4 & 8 \end{pmatrix}$$

$$= \begin{pmatrix} e/3 + e^2/2 + e^{-2}/6 & e/3 - e^2/2 + e^{-2}/6 & e/3 - e^{-2}/3 \\ e/3 - e^2/2 + e^{-2}/6 & e/3 - e^2/2 + e^{-2}/6 & e/3 - e^{-2}/3 \\ e/3 - e^{-2}/3 & e/3 - e^{-2}/3 & e/3 + 2e^{-2}/3 \end{pmatrix}.$$

Entsprechend können auch alle anderen Matrizenfunktion wie

$$\sin \mathbf{A}, \cos \mathbf{A}, \mathbf{A}^2, \mathbf{A}^{1/2} \text{ usw.}$$

berechnet werden. Es gelten hier die bekannten Regeln

$$\sin^2 \mathbf{A} + \cos^2 \mathbf{A} = \mathbf{E} \qquad \text{oder} \qquad e^{i\mathbf{A}} = \cos \mathbf{A} + i \sin \mathbf{A}.$$

Zu beachten ist, daß Regeln, die das Kommutativgesetz erfordern wie

$$e^{A+B} = e^A e^B$$

$$A^2 - B^2 = (A + B)(A - B)$$

nur gelten, wenn die Matrizen kommutieren. Ähnlich wie bei den komplexen Zahlen sind die Wurzel- und Logarithmusfunktion nicht eindeutig. In den numerischen Beispielen im Anhang wird gezeigt, daß die Gleichung

$$X^2 = \begin{pmatrix} 3 & 2 \\ 1 & 2 \end{pmatrix}$$

vier verschiedene Lösungen

$$\pm \frac{1}{3} \begin{pmatrix} 5 & 2 \\ 1 & 4 \end{pmatrix}, \ \pm \begin{pmatrix} 1 & 2 \\ 1 & 0 \end{pmatrix}$$

hat.

Matrizenfunktionen werden insbesondere zur Lösung von Differentialgleichungssystemen benötigt [7, 37, 40]. So kann das lineare homogene Differentialgleichungssystem

$$y' = Ay$$

gelöst werden durch

$$y = ce^{Ax}.$$

Das Programm berechnet die Matrizenfunktion nach der angegebenen Lagrange-Formel. Die gewünschte Funktion ist im Programm mit DEF FNF(X) = ... zu definieren. Matrix und Eigenwerte sind in Form von DATA-Werten einzugeben. Die eigentliche Rechnung findet in einem Unterprogramm (Zeilen 5000–5640) statt.

Als Programm-Beispiel werden die Matrizenfunktionen

$$e^A, \sin A \ \text{ und } \ A^3 - A^2 - 4A + 4E$$

berechnet für die Matrix

$$A = \begin{pmatrix} 1 & -1 & 1 \\ -1 & 1 & 1 \\ 1 & 1 & -1 \end{pmatrix}.$$

Letztere Funktion liefert die Nullmatrix, da

$$f(x) = x^3 - x^2 - 4x + 4$$

das charakteristische Polynom der Matrix ist (Satz von *Cayley-Hamilton*).

Eine weitere Möglichkeit, Matrizenfunktionen zu berechnen, bieten die Reduktion der Matrix auf Normalform. Gilt nämlich

$$T^{-1} AT = J$$

so folgt

$$A = TJT^{-1}$$

und somit

$$f(\mathbf{A}) = \mathbf{T}f(\mathbf{J})\,\mathbf{T}^{-1}.$$

Als numerisches Beispiel soll $\mathbf{A}^8$ für

$$\mathbf{A} = \begin{pmatrix} 1 & 2 \\ -1 & 4 \end{pmatrix}$$

berechnet werden [32]. Die Eigenwerte sind 2 und 3 mit den Eigenvektoren

$$\begin{pmatrix} 2 \\ 1 \end{pmatrix} \quad \text{und} \quad \begin{pmatrix} 1 \\ 1 \end{pmatrix}.$$

Sie liefern die Transformationsmatrix

$$\mathbf{T} = \begin{pmatrix} 2 & 1 \\ 1 & 1 \end{pmatrix}$$

mit der zugehörigen Inversen

$$\mathbf{T}^{-1} = \begin{pmatrix} 1 & -1 \\ -1 & 2 \end{pmatrix}.$$

Die achte Potenz der Diagonalmatrix ist

$$\mathbf{D}^8 = \begin{pmatrix} 2 & 0 \\ 0 & 3 \end{pmatrix}^8 = \begin{pmatrix} 256 & 0 \\ 0 & 6561 \end{pmatrix}.$$

Ausmultiplizieren liefert die gewünschte Potenz

$$\mathbf{A}^8 = \mathbf{T}\mathbf{D}^8\mathbf{T}^{-1} = \begin{pmatrix} -6049 & 12610 \\ -6305 & 12866 \end{pmatrix}.$$

```
5000 REM PROZEDUR MATRIZENFUNKTION................
5010 REM ....................................
5020 REM EINGANGSPARAMETER.......................
5030 REM .............N ORDNUNG DER MATRIX.......
5040 REM .............A(N,N) MATRIX.............
5050 REM .............L(N) EIGENWERTE(VERSCHIEDEN)
5060 REM AUSGANGSPARAMTER.........................
5070 REM ...............F(N,N) GESUCHTE FUNKTIONSMATRIX
5080 REM ....................................
5090 REM VERWENDETE PARAMETER.....................
5100 REM I,J,K,L,M,P,S...........................
5110 :
5120 REM MATRIZENFUNKTION IN 5130 DEFINIEREN
5130 DEF FNF(A)=EXP(A)
5140 :
5150 DIM B(N,N),F(N,N),P(N,N),Q(N,N)
5160 FOR I=1 TO N
5170 FOR J=1 TO N
```

```
5180 F(I,J)=0
5190 NEXT J
5200 NEXT I
5210 :
5220 FOR L=1 TO N
5230 FOR I=1 TO N
5240 FOR J=1 TO N
5250 P(I,J)=0
5260 NEXT J
5270 P(I,I)=1
5280 NEXT I
5290 FOR M=1 TO N
5300 IF M=L THEN 5390
5310 FOR I=1 TO N
5320 FOR J=1 TO N
5330 IF I=J THEN B(I,I)=A(I,I)-L(M):GOTO5350
5340 B(I,J)=A(I,J)
5350 Q(I,J)=P(I,J)
5360 NEXT J
5370 NEXT I
5380 GOSUB 5540
5390 NEXT M
5400 :
5410 P=1
5420 FOR I=1 TO N
5430 IF I=L THEN 5450
5440 P=P*(L(L)-L(I))
5450 NEXT I
5460 FOR I=1 TO N
5470 FOR J=1 TO N
5480 F(I,J)=F(I,J)+P(I,J)*FNF(L(L))/P
5490 NEXT J
5500 NEXT I
5510 NEXT L
5520 RETURN
5530 :
5540 REM MULTIPLIZIEREN
5550 FOR I=1 TO N
5560 FOR J=1 TO N
5570 S=0
5580 FOR K=1 TO N
5590 S=S+Q(I,K)*B(K,J)
5600 NEXT K
5610 P(I,J)=S
5620 NEXT J
5630 NEXT I
5640 RETURN
READY.
```

```
100 REM AUFRUF DER PROZEDUR MATRIZENFUNKTION
110 :
120 READ N : REM ORDNUNG DER MATRIX
130 DIM A(N,N),L(N)
140 :
150 FOR I=1 TO N
160 FOR J=1 TO N
170 READ A(I,J)
180 NEXT J
190 NEXT I
200 :
210 FOR I=1 TO N
220 READ L(I)
230 NEXT I
240 :
250 GOSUB 5000
260 PRINT"EXP(A):"
270 FOR I=1 TO N
280 FOR J=1 TO N
290 PRINT F(I,J);
300 NEXT J:PRINT
310 NEXT I
320 END
330 :
340 DATA 3
350 DATA 1,-1,1
360 DATA -1,1,1
370 DATA 1,1,-1
380 :
390 DATA 1,2,-2
```

READY.

MATRIZENFUNKTION

EXP(A):
```
 4.62317787 -2.76587823   .860982182
-2.76587823  4.62317787   .860982182
  .860982182  .860982182  .996317465
```


SIN(A):
```
  .58358947 -.325707956   .58358947
-.325707956  .58358947   .58358947
  .58358947  .58358947  -.325707956
```


$A \uparrow 3 - A \uparrow 2 - 4*A + 4$:
```
 0  0  0
 0  0  0
 0  0  0
```

2.3 Matrizenpolynom

Sind die Eigenwerte einer Matrix nicht bekannt, so kann das Matrizenpolynom

$$p(A) = c_n A^n + c_{n-1} A^{n-1} + \ldots + c_2 A^2 + c_1 E$$

weder über die *Lagrange-Interpolation* (Abschnitt 2) noch über die Reduktion auf Normalform berechnet werden. Das charakteristische Polynom ist nicht notwendig das Polynom von minimalem Grad, das A erfüllt; dieses nennt man das Minimalpolynom. Die Matrix

$$A = \begin{pmatrix} -1 & 2 & -3 \\ 2 & 2 & -6 \\ -1 & -2 & 1 \end{pmatrix}$$

hat das charakteristische Polynom

$$p(\lambda) = (\lambda - 6)(\lambda + 2)^2 = \lambda^3 - 2\lambda^2 - 20\lambda - 24;$$

das zugehörige Minimalpolynom ist

$$m(\lambda) = (\lambda - 6)(\lambda + 2) = \lambda^2 - 4\lambda - 12.$$

A erfüllt somit auch die Gleichung

$$A^2 - 4A - 12E = 0. \tag{1}$$

Mit Hilfe des Minimalpolynoms können höhere Potenzen von A auf niedere zurückgeführt werden. Aus (1) folgt

$$A^2 = 4A + 12E. \tag{2}$$

Multiplizieren mit A liefert

$$\begin{aligned}
A^3 &= 4A^2 + 12A \\
    &= 4(4A + 12E) + 12A \quad \text{nach (2)} \\
    &= 28A + 48E \tag{3}.
\end{aligned}$$

Entsprechend ergibt sich

$$\begin{aligned}
A^4 &= 28A^2 + 48A \quad \text{aus (3)} \\
    &= 28(4A + 12E) + 12E \quad \text{nach (2)} \\
    &= 132A + 348E
\end{aligned}$$

usf. Aber auch negative Potenzen können mit Hilfe des Minimalpolynoms berechnet werden.

Mit $E = AA^{-1}$ folgt aus (1)

$$A^2 - 4A - 12AA^{-1} = 0$$

oder durch Ausklammern

$$A(A - 4E - 12A^{-1}) = 0;$$

dies liefert

$$A^{-1} = \frac{1}{12}(A - 4E) = \frac{1}{12}\begin{pmatrix} -5 & 2 & -3 \\ 2 & -2 & -6 \\ -1 & -2 & -3 \end{pmatrix}.$$

Da jedem normierten Polynom

$$p(x) = x^n + a_{n-1}x^{n-1} + \ldots + a_1 x + a_0$$

eine Matrix zugeordnet werden kann, deren Eigenwerte genau die Nullstellen des Polynoms sind, gibt es enge Beziehungen zwischen Polynomen und Matrizen. Die Matrix, nach *Frobenius* benannt, hat die Form

$$F = \begin{pmatrix} 0 & 1 & 0 & 0 & \ldots & 0 \\ 0 & 0 & 1 & 0 & \ldots & 0 \\ 0 & 0 & 0 & 1 & \ldots & 0 \\ . & . & . & . & \ldots & . \\ 0 & 0 & 0 & 0 & \ldots & 1 \\ -a_0 & -a_1 & -a_2 & -a_3 & \ldots & -a_{n-1} \end{pmatrix}.$$

F hat lauter Einsen in der Überdiagonale und die negativen Koeffizienten des Polynoms in der letzten Zeile. F wird oft auch in transponierter Form dargestellt, damit es *Hessenbergform* annimmt. Für *Hessenberg-Matrizen* gibt es nämlich sehr effektive numerische Verfahren zur Eigenwertbestimmung [19].

Zwei Polynome $p(x)$ und $q(x)$ haben mindestens eine gemeinsame Nullstelle, wenn das Matrizenpolynom $p(F)$ singulär ist; dabei soll F die *Frobeniusmatrix* von $q(x)$ sein.

Dies wird wieder an einem numerischen Beispiel gezeigt:

Es sei

$$p(x) = x^4 - 3x^3 + 3x^2 - 3x + 2$$
$$q(x) = x^3 - 6x^2 + 11x - 6.$$

Die *Frobeniusmatrix* von $q(x)$ ist somit

$$F = \begin{pmatrix} 0 & 1 & 0 \\ 0 & 0 & 1 \\ 6 & -11 & 6 \end{pmatrix}.$$

Das Matrizenpolynom

$$p(F) = F^4 - 3F^3 + 3F^2 - 3F + 2$$

ergibt sich zu

$$p(F) = \begin{pmatrix} 20 & -30 & 10 \\ 60 & -90 & 30 \\ 180 & -270 & 90 \end{pmatrix}.$$

Wie ersichtlich ist, hat $p(F)$ den Rang 1 und ist somit singulär. Die beiden Polynome haben daher mindestens eine gemeinsame Nullstelle.

Interessant ist, daß mit Hilfe der Matrix $\mathbf{p}(\mathbf{F})$ sogar die gemeinsamen Teiler berechnet werden können. Der Rangabfall von $\mathbf{p}(\mathbf{F})$ stimmt mit dem Polynomgrad von

$$\mathrm{ggT}(p(x), q(x))$$

überein. Da hier die 1. Spalte das 2-fache und die 2. Spalte das (-3)-fache der letzten Spalte ist, gilt

$$\mathrm{ggT}(p(x), q(x)) = 2 - 3x + x^2 = (x - 1)(x - 2).$$

Wie man nachprüft, sind $x = 1$ und $x = 2$ tatsächlich die gemeinsamen Nullstellen.

Da Programm berechnet beliebige Matrizenpolynome durch wiederholtes Multiplizieren. Die Matrix und die Polynomkoeffizienten sind in Form von DATA-Anweisungen einzugeben. Im Programm wurde das obengenannte Beispiel berechnet.

```
4000 REM PROZEDUR MATRIZENPOLYNOM:...............
4010 REM...........................................
4020 REM EINGANGSPARAMETER.........................
4030 REM ...................N ORDNUNG DER MATRIX...
4040 REM ...................M POLYNOMGRAD..........
4050 REM ...................A(N,N) MATRIX..........
4060 REM ...................C(M) POLYNOMKOEFFIZIENTEN
4070 REM ..........................................
4080 REM AUSGANGSPARAMETER.........................
4090 REM ...................P(N,N) MATRIZENPOLYNOM.
4100 REM LOKALE PARAMETER..........................
4110 REM ...................I,J,K,L,S,B(N,N),Q(N,N)..
4120 REM ..........................................
4130 :
4140 DIM B(N,N),Q(N,N)
4150 L=0
4160 FOR I=1 TO N
4170 FOR J=1 TO N
4180 P(I,J)=0:B(I,J)=A(I,J)
4190 IF I=J THEN P(I,J)=C(L)
4200 NEXT J
4210 NEXT I
4220 IF L=M THEN 4490
4230 :
4240 L=L+1
4250 FOR I=1 TO N            4380 NEXT K
4260 FOR J=1 TO N            4390 P(I,J)=P(I,J)+C(L)*S
4270 P(I,J)=P(I,J)+C(L)*A(I,J)  4400 Q(I,J)=S
4280 NEXT J                  4410 NEXT J
4290 NEXT I                  4420 NEXT I
4300 IF L=M THEN 4490        4430 :
4310 :                       4440 FOR I=1 TO N
4320 L=L+1                   4450 FOR J=1 TO N
4330 FOR I=1 TO N            4460 B(I,J)=Q(I,J)
4340 FOR J=1 TO N            4470 NEXT J
4350 S=0                     4480 NEXT I
4360 FOR K=1 TO N            4490 IF L<M THEN 4320
4370 S=S+B(I,K)*A(K,J)       4500 RETURN
```

```
100 REM AUFRUF PROZEDUR MATRIZENPOLYNOM
110 :
120 READ N:REM ORDNUNG DER MATRIX
130 DIM A(N,N),P(N,N)
140 FOR I=1 TO N
150 FOR J=1 TO N
160 READ A(I,J)
170 NEXT J
180 NEXT I
190 :
200 REM EINLESEN DER KOEFFIZIENTEN
210 READ M:REM POLYNOMGRAD
220 DIM C(M)
230 FOR I=M TO 0 STEP -1
240 READ C(I)
250 NEXT I
260 :
270 REM AUFRUF MATRIZENPOLYNOM
280 GOSUB 4000
290 :
300 PRINT"MATRIZENPOLYNOM:"
310 FOR I=1 TO N
320 FOR J=1 TO N
330 PRINT P(I,J);
340 NEXT J:PRINT
350 NEXT I
360 END
370 :
380 DATA 3
390 DATA 0,1,0
400 DATA 0,0,1
410 DATA 6,-11,6
420 :
430 DATA 4
440 DATA 1,-3,3,-3,2
```

READY.

MATRIZENPOLYNOM


```
MATRIZENPOLYNOM:
 20   -30   10
 60   -90   30
 180  -270  90
```

2.4 Matrizengleichung/Inversion

Sind $\mathbf{A}$, $\mathbf{B}$ quadratische nichtsinguläre Matrizen, so ist die Lösung der Matrizengleichung

$$\mathbf{AX} = \mathbf{B}$$

gegeben durch

$$\mathbf{X} = \mathbf{A}^{-1}\mathbf{B}.$$

Speziell für $\mathbf{B} = \mathbf{E}$ gilt

$$\mathbf{X} = \mathbf{A}^{-1}.$$

Wendet man auf die Matrix

$$(\mathbf{A} \mid \mathbf{B})$$

elementare Zeilenumformungen an, so daß $\mathbf{A}$ in $\mathbf{E}$ übergeht, so wird gleichzeitig $\mathbf{B}$ in $\mathbf{A}^{-1}\mathbf{B}$ transformiert. Gilt $\mathbf{B} = \mathbf{E}$, so erhält man auf diese Weise $\mathbf{A}^{-1}$.

Aus

$$\left(\begin{array}{cccc|cccc}
2 & 4 & 3 & 2 & 1 & 0 & 0 & 0 \\
3 & 6 & 5 & 2 & 0 & 1 & 0 & 0 \\
2 & 5 & 2 & -3 & 0 & 0 & 1 & 0 \\
4 & 5 & 14 & 14 & 0 & 0 & 0 & 1
\end{array}\right)$$

erhält man

$$\left(\begin{array}{cccc|cccc}
2 & 4 & 3 & 2 & 1 & 0 & 0 & 0 \\
0 & 0 & -1 & 2 & 3 & -2 & 0 & 0 \\
0 & -1 & 1 & 5 & 1 & 0 & -1 & 0 \\
0 & 5 & -10 & -20 & 0 & 0 & 2 & -1
\end{array}\right) \quad \begin{array}{l} 3(1)-2(2) \\ (1)-(3) \\ 2(3)-(4). \end{array}$$

Dabei bedeutet z. B. 2(3)−(4), daß die 4. Zeile vom 2-fachen der 3. Zeile subtrahiert wurde. (4):5 ergibt die neue 4. Zeile

$$0 \quad 1 \quad -2 \quad -4 \quad 0 \quad 0 \quad 2/5 \quad -1/5.$$

Setzt man das Verfahren fort, so folgt

$$\left(\begin{array}{cccc|cccc}
2 & 0 & 7 & 22 & 5 & 0 & -4 & 0 \\
0 & 0 & -1 & 2 & 3 & -2 & 0 & 0 \\
0 & -1 & 1 & 5 & 1 & 0 & -1 & 0 \\
0 & 0 & -1 & 1 & 1 & 0 & -3/5 & -1/5
\end{array}\right) \quad \begin{array}{l} (1)+4(3) \\ \\ \\ (4)+(5) \end{array}$$

und ebenso

$$\left(\begin{array}{cccc|cccc}
2 & 0 & 0 & 29 & 12 & 0 & -\dfrac{41}{5} & -\dfrac{7}{5} \\
0 & 0 & -1 & 2 & 3 & -2 & 0 & 0 \\
0 & 1 & 0 & -6 & -2 & 0 & 6/5 & 1/5 \\
0 & 0 & 0 & 1 & 2 & -2 & 3/5 & 1/5
\end{array}\right) \quad \begin{array}{l} (1)+7(4) \\ \\ \\ (2)-(4). \end{array}$$

(1): 2 und umordnen der Zeilen ergibt

$$\left(\begin{array}{cccc|cccc} 1 & 0 & 0 & \dfrac{29}{2} & 6 & 0 & -\dfrac{41}{10} & -\dfrac{7}{10} \\ 0 & 1 & 0 & -6 & -2 & 0 & 6/5 & 1/5 \\ 0 & 0 & 1 & -2 & -3 & 2 & 0 & 0 \\ 0 & 0 & 0 & 1 & 2 & -2 & 3/5 & 1/5 \end{array}\right) \quad \begin{array}{l} \\ \\ -1(2) \\ . \end{array}$$

Schließlich folgt

$$\left(\begin{array}{cccc|cccc} 1 & 0 & 0 & 0 & -23 & 29 & -12.8 & -3.6 \\ 0 & 1 & 0 & 0 & 10 & -12 & 5.2 & 1.4 \\ 0 & 0 & 1 & 0 & 1 & -2 & 1.2 & 0.4 \\ 0 & 0 & 0 & 1 & 2 & -2 & 0.6 & 0.2 \end{array}\right) \quad \begin{array}{l} (1)-14.5(4) \\ (2)+6(4) \\ (3)+2(4) \\ . \end{array}$$

Die rechts stehende Matrix ist die gesuchte Inverse.

Als Programmbeispiel wird die Inverse zur Matrix berechnet.

$$A = \left(\begin{array}{cccc} 5 & 7 & 6 & 5 \\ 7 & 10 & 8 & 7 \\ 6 & 8 & 10 & 9 \\ 5 & 7 & 9 & 10 \end{array}\right) .$$

Das Programm liefert

$$A^{-1} = \left(\begin{array}{cccc} 68 & -41 & -17 & 10 \\ -41 & 25 & 10 & -6 \\ -17 & 10 & 5 & -3 \\ 10 & -6 & -3 & 2 \end{array}\right) .$$

Soll im Programm die Matrixgleichung $AX = B$ gelöst werden, so muß zuerst A, dann B eingelesen werden. Der hier angewandte Algorithmus wird nach *Gauß-Jordan* benannt.

```
5000 REM PROZEDUR MATRIZENGLEICHUNG/INVERSION
5010 REM ...................................................
5020 REM EINGANGSPARAMETER.....................................
5030 REM ................N ZEILENZAHL..................
5040 REM ................A(N,2*N) ERWEITERTE MATRIX
5050 REM ...................................................
5060 REM AUSGANGSPARAMETER....................................
5070 REM ................A(I,J) GESUCHTE MATRIX.
5080 REM ................MIT N+1<=J<=2*N..........
5090 REM VERWENDETE PARAMETER.....................
5100 REM I,J,K,M,P,S
5110 :
5120 FOR K=1 TO N
5130 IF K=N THEN 5220
5140 P=ABS(A(K,K)):M=K
5150 FOR I=K+1 TO N
5160 IF ABS(A(I,K))<=P THEN 5180
```

```
5170 P=ABS(A(I,K)):M=I
5180 NEXT I
5190 FOR J=K TO 2*N
5200 S=A(K,J):A(K,J)=A(M,J):A(M,J)=S
5210 NEXT J
5220 IF ABS(A(K,K))<1E-8 THEN PRINT"MATRIX SINGULAER":END
5230 S=1/A(K,K)
5240 FOR J=K TO 2*N
5250 A(K,J)=S*A(K,J)
5260 NEXT J
5270 FOR I=1 TO N
5280 IF I=K THEN 5330
5290 S=-A(I,K)
5300 FOR J=K TO 2*N
5310 A(I,J)=A(I,J)+S*A(K,J)
5320 NEXT J
5330 NEXT I
5340 NEXT K
5350 RETURN


100 REM AUFRUF DER PROZEDUR MATRIZENGLEICHUNG/INVERSION
110 :
120 READ N:REM ORDNUNG DER MATRIX
130 DIM A(N,2*N)
140 :
150 REM GLEICHUNGSMATRIX
160 FOR I=1 TO N
170 FOR J=1 TO N
180 READ A(I,J)
190 NEXT J
200 NEXT I
210 :
220 REM EINLESEN DER RECHTEN SEITE
230 FOR I=1 TO N
240 FOR J=1 TO N
250 READ A(I,J+N)
260 NEXT J
270 NEXT I
280 GOSUB 5000
290 :
300 PRINT"LOESUNG DER MATRIZENGLEICHUNG:"
310 FOR I=1 TO N
320 FOR J=1 TO N
330 PRINT A(I,J+N),
340 NEXT J:PRINT
350 NEXT I
360 END
370 :
380 DATA 4
390 DATA 5,7,6,5
400 DATA 7,10,8,7
```

```
410 DATA 6,8,10,9
420 DATA 5,7,9,10
430 :
440 DATA 1,0,0,0
450 DATA 0,1,0,0
460 DATA 0,0,1,0
470 DATA 0,0,0,1

READY.


MATRIZENGLEICHUNG

LOESUNG DER MATRIZENGLEICHUNG:
 68 -41                -17             10
-41  25                10             -6.00000001
-17  10                 5.00000001   -3
 10  -6.00000001     -3.00000001      2.00000001
```


2.5 Reelle oder komplexe Determinante

Unter einer *Determinante der Ordnung n*

$$\begin{vmatrix} a_{11} & a_{12} & a_{13} & \cdots & a_{1n} \\ a_{21} & a_{22} & a_{23} & \cdots & a_{2n} \\ & & \cdot & \cdots & \cdot \\ a_{n1} & a_{n2} & a_{n3} & \cdots & a_{nn} \end{vmatrix}$$

versteht man das homogene Polynom n-ten Grades

$$D_n = \Sigma\,(-1)^I\,a_{1i_1}\,a_{2i_2}\,a_{3i_3}\,\cdots\,a_{ni_n},$$

wobei über sämtliche Permutationen

$$(i_1, i_2, i_3, \ldots, i_n)$$

der Zahlen $1, 2, \ldots, n$ summiert werden muß. I ist die Anzahl der Inversionen in der jeweiligen Permutation $i_1, i_2, \ldots, i_n$. Für eine dreireihige Determinante liefert die *Regel von Sarrus*

$$D_3 = a_{11}a_{22}a_{33} + a_{21}a_{32}a_{13} + a_{31}a_{12}a_{23}$$
$$- a_{31}a_{22}a_{13} - a_{21}a_{12}a_{33} - a_{11}a_{32}a_{23}.$$

Der Term $a_{31}\,a_{22}\,a_{13}$, nach Zeilenindex geordnet zu

$$a_{13}\,a_{22}\,a_{31}$$

trägt ein negatives Vorzeichen, da die Permutation der Spaltenindizes $(3, 2, 1)$ genau 3 Inversionen enthält:

3 vor 2, 3 vor 1 und 2 vor 1.

Sein Vorzeichen ist daher $(-1)^3 = -1$.

Eine Determinante ändert ihren Wert nicht, wenn ein Vielfaches einer Zeile (Spalte) zu einer anderen Zeile (Spalte) addiert wird. Bei Zeilenvertauschungen ändert sich das Vorzeichen der Determinante. Solche Zeilenumformungen sind vom Gaußschen Eliminationsverfahren her bekannt.

Der *Entwicklungssatz von Laplace* erlaubt die Berechnung von Determinanten höherer Ordnung, da durch die wiederholte Entwicklung nach einer Zeile (Spalte) die Ordnung der Determinante auf zwei oder drei reduziert werden kann. Beispiel:

$$\begin{vmatrix} 2 & 3 & 1 & 2 \\ 4 & 5 & 2 & 5 \\ 3 & -1 & 4 & -3 \\ 2 & 1 & 3 & 4 \end{vmatrix}.$$

Addiert man das (-2)-fache der 1. Zeile zur 2. und dann die 4. Spalte zur 2., so erhält man

$$\begin{vmatrix} 2 & 5 & 1 & 2 \\ 0 & 0 & 0 & 1 \\ 3 & -4 & 4 & -3 \\ 2 & 5 & 3 & 4 \end{vmatrix}.$$

Entwickelt man nach der 2. Zeile, so ergibt sich eine dreireihige Determinante

$$(-1)^{2+4} \begin{vmatrix} 2 & 5 & 1 \\ 3 & -4 & 4 \\ 2 & 5 & 3 \end{vmatrix}.$$

Subtraktion von Zeile 1 und 3 liefert

$$(+1) \begin{vmatrix} 0 & 0 & -2 \\ 3 & -4 & 4 \\ 2 & -5 & 3 \end{vmatrix}.$$

Entwickeln nach der 1. Zeile ergibt schließlich den Wert

$$(+1)\,(-2)\,(-1)^{1+3} \begin{vmatrix} 3 & -4 \\ 2 & 5 \end{vmatrix} = (-2) \cdot 23 = -46.$$

Determinanten finden zahlreiche Anwendungen insbesondere in der linearen Algebra. So liefert

$$\begin{vmatrix} a_1 & b_1 & c_1 \\ a_2 & b_2 & c_2 \\ a_3 & b_3 & c_3 \end{vmatrix}$$

in einem kartesischen Koordinatensystem des $\mathbb{R}^3$ das Spatprodukt der Vektoren $\mathbf{a}, \mathbf{b}, \mathbf{c}$. Anschaulich gesehen stellt es das (gerichtete) Volumen des Parallelspat dar, das von den drei Vektoren aufgespannt wird. Die Determinante verschwindet somit, wenn die Vektoren linear abhängig sind.

Die Determinante

$$\det(\mathbf{A} - \lambda\mathbf{E}) = \begin{vmatrix} a_{11} - \lambda & a_{12} & a_{13} & \cdots & a_{1n} \\ a_{21} & a_{22} - \lambda & a_{23} & \cdots & a_{2n} \\ a_{31} & a_{32} & a_{33} - \lambda & \cdots & a_{3n} \\ \cdot & \cdot & \cdot & \cdots & \cdot \\ a_{n1} & a_{n2} & a_{n3} & \cdots & a_{nn} - \lambda \end{vmatrix}$$

stellt insbesondere das charakteristische Polynom der Matrix $\mathbf{A}$ dar.

Auch Kegelschnitte können mit Hilfe von Determinanten definiert werden. So liefert

$$\begin{vmatrix} x^2 & xy & y^2 & x & y & 1 \\ x_1^2 & x_1 y_1 & y_1^2 & x_1 & y_1 & 1 \\ x_2^2 & x_2 y_2 & y_2^2 & x_2 & y_2 & 1 \\ x_3^2 & x_3 y_3 & y_3^2 & x_3 & y_3 & 1 \\ x_4^2 & x_4 y_4 & y_4^2 & x_4 & y_4 & 1 \\ x_5^2 & x_5 y_5 & y_5^2 & x_5 & y_5 & 1 \end{vmatrix}$$

die Gleichung des Kegelschnitts durch die 5 Punkte $(x_i | y_i)$ $i = 1, 2, \ldots, 5$ in kartesischen Koordinaten.

Auch in der Analysis ergeben sich nützliche Anwendungen. So hat das Polynom

$$f(z) = a_0 + a_1 z + a_2 z^2 + \ldots + a_n z^n$$

mit $a_0 > 0$ und $a_n \neq 0$ nur Nullstellen mit negativem Realteil, wenn alle Determinanten

$$D_1 = a_1 \qquad\qquad D_2 = \begin{vmatrix} a_1 & a_0 \\ a_3 & a_2 \end{vmatrix}$$

$$D_3 = \begin{vmatrix} a_1 & a_0 & 0 \\ a_3 & a_2 & a_1 \\ a_5 & a_4 & a_3 \end{vmatrix} \qquad\qquad D_4 = \begin{vmatrix} a_1 & a_0 & 0 & 0 \\ a_3 & a_2 & a_1 & a_0 \\ a_5 & a_4 & a_3 & a_2 \\ a_7 & a_6 & a_5 & a_4 \end{vmatrix}$$

usw. positiv sind (*Kriterium von Hurwitz*). Dies hat große Bedeutung in der Systemanalyse und Regelungstechnik: Hat nämlich die charakteristische Gleichung der Differentialgleichung auch Nullstellen mit positiven Realteil, so ist die Lösungsfunktion zeitlich nicht beschränkt.

Für das Polynom

$$f(z) = 6 + 5z + 4z^2 + 3z^3$$

ist das Hurwitzkriterium wegen

$$D_1 = 5 > 0$$

$$D_2 = \begin{vmatrix} 5 & 6 \\ 2 & 4 \end{vmatrix} = 8 > 0 \qquad\qquad D_3 = \begin{vmatrix} 5 & 6 & 0 \\ 2 & 4 & 5 \\ 0 & 0 & 2 \end{vmatrix} = 16 > 0$$

erfüllt. Dieses Kriterium läßt sich zur Bestimmung der Definitheit einer Matrix heranziehen (vgl. Abschnitt 2.7). Die Resultante der Polynome

$$f(z) = a_n z^n + a_{n-1} z^{n-1} + \ldots + a_0$$
$$g(z) = b_m z^m + b_{m-1} z^{m-1} + \,,, + b_0$$

$$\begin{vmatrix} a_n & a_{n-1} & a_{n-2} & \cdots & a_0 & 0\,0 & 0\,0 & \cdots & 0 \\ 0 & a_n & a_{n-1} & \cdots & a_1 & a_0 & 0 & \cdots & 0 \\ \cdot & \cdot & \cdot & \cdots & \cdot & \cdot & \cdot & \cdots & \cdot \\ 0 & 0 & 0 & \cdots & a_n & a_{n-1} & a_{n-2} & \cdots & a_0 \\ b_m & b_{m-1} & b_{m-2} & \cdots & b_0 & 0 & 0 & \cdots & 0 \\ 0 & b_m & b_{m-1} & \cdots & b_1 & b_0 & 0 & \cdots & 0 \\ \cdot & \cdot & \cdot & \cdots & \cdot & \cdot & \cdot & \cdots & \cdot \\ 0 & 0 & 0 & \cdots & 0 & b_m & b_{m-1} & \cdots & b_0 \end{vmatrix}$$

verschwindet genau dann, wenn f und g mindestens eine Nullstelle gemeinsam haben (*Resultante von Sylvester*). Die Polynome

$$f(z) = z^3 - 4z^2 + 5z - 2$$
$$g(z) = z^2 - 3z + 4$$

haben wegen

$$\begin{vmatrix} 1 & -4 & 5 & -2 & 0 \\ 0 & 1 & -4 & 5 & -2 \\ 1 & -3 & 4 & 0 & 0 \\ 0 & 1 & -3 & 4 & 0 \\ 0 & 0 & 1 & -3 & 4 \end{vmatrix} = 0$$

eine gemeinsame Nullstelle, nämlich z = 1.

Weitere Anwendungen finden Determinanten zur Prüfung der linearen Unabhängigkeit von Funktionen (*Wronski-Determinante* bei gewöhnlichen Differentialgleichungen, *Gramsche Determinante* in Funktionenräumen) und bei der Koordinatentransformation von Mehrfachintegralen (*Jacobi-Determinante*).

Die Anwendung von Determinanten bei der Lösung von linearen Gleichungssystemen (*Cramersche Regel*) findet man bei den numerischen Beispielen des Anhangs.

Das Programm berechnet Determinanten nach dem angegebenen Struktogramm. Der Real- und Imaginärteil wird getrennt eingelesen, für reelle Determinanten kann der Imaginärteil B(I, J) im Programm Null gesetzt werden.

Als Programmbeispiel wird die komplexe Determinante

$$\begin{vmatrix} 3+7i & -2+4i & 1-3i & 4+2i \\ 5+6i & 0 & 2+5i & -3+i \\ 5+5i & 1+2i & -5-i & 6 \\ 2+4i & 1-i & 0 & 2-3i \end{vmatrix}$$

berechnet. Es ergibt sich der Wert

$$70.973663 + 862.26767i.$$

Determinantenberechnung
Eingabe „Ordnung der Det.“, n
Eingabe „Realteil“, a_{ij}
Eingabe „Imaginärteil“, b_{ij}
$d_1 := 1, \quad d_2 := 0, \quad k := 1$

wiederhole

- $m := k; \quad s := |a_{kk}| + |b_{kk}|$
- für i := k erhöhe um 1 bis n
  - $t := a_{ik} + b_{ik}$
  - $s <= t$
    - j: (leer)   n: $s := t; \quad m := i$
- $m = k$
  - j: (leer)   n:
    - für j := 1 erhöhe um 1 bis n
      - $s := -a_{kj}; \; a_{kj} := a_{mj}; \; a_{mj} := s$
      - $s_1 := -b_{kj}; \; b_{kj} := b_{mj}; \; b_{mj} := s_1$
- $m := k + 1$
- für i := m erhöhe um 1 bis n
  - $s_1 := a_{kk}^2 + b_{kk}^2$
  - $s := (a_{ik}a_{kk} + b_{ik}b_{kk})/s_1$
  - $b_{ik} := (a_{kk}b_{ik} - a_{ik}b_{kk})/s_1; \; a_{ik} := s$
- für j := m erhöhe um 1 bis n
  - für i := 1 erhöhe um 1 bis k − 1
    - $a_{kj} := a_{kj} - a_{ki}a_{ij} + b_{ki}b_{ij}$
    - $b_{kj} := b_{kj} - b_{ki}b_{ij} - a_{ki}b_{ij}$
- $k := k + 1$
- für i := k erhöhe um 1 bis n
  - für j := 1 erhöhe um 1 bis k − 1
    - $a_{ik} := a_{ik} - a_{ij}a_{jk} + b_{ij}b_{jk}$
    - $b_{ik} := b_{ik} - b_{ij}a_{jk} - a_{ij}b_{jk}$

bis k = n

n gerade

- j: $m := 1$
- n: $m := 0$; $d_1 := a_{nn}; \; d_2 := b_{nn}$

für i := 1 erhöhe um 1 bis [n/2]

- $j := n - i + m$
- $s := a_{ii}a_{jj} - b_{ii}b_{jj}$
- $s_1 := a_{ii}b_{jj} + a_{jj}b_{ii}$
- $t := d_1 s - d_2 s_1;$
- $d_2 := d_2 s + d_1 s_1; \; d_1 := t$

Ausgabe:	„Realteil =“, d_1 „Imaginärteil =“, d_2

```
5000 REM PROZEDUR KOMPLEXE DETERMINANTE..........
5010 REM .........................................
5020 REM EINGANGSPARAMETER.......................
5030 REM ...............N ORDNUNG DER DETERMINANTE
5040 REM ...............A(N,N) REALTEIL...........
5050 REM ...............B(N,N) IMAGINAERTEIL......
5060 REM .........................................
5070 REM AUSGANGSPARAMETER.......................
5080 REM ...............D1 REALTEIL DETERM.WERT...
5090 REM ...............D2 IMAGINAERTEIL.........
5100 REM .........................................
5110 REM VERWENDETE PARAMETER....................
5120 REM I,J,K,L,M,S,S1,T........................
5130 :
5140 D1=1:D2=0
5150 K=1
5160 M=K
5170 S=ABS(A(K,K)+ABS(B(K,K)))
5180 FOR I=K TO N
5190 T=ABS(A(I,K))+ABS(B(I,K))
5200 IF S>T THEN 5220
5210 S=T:M=I
5220 NEXT I
5230 IF M=K THEN 5320
5240 FOR J=1 TO N
5250 S=-A(K,J)
5260 A(K,J)=A(M,J)
5270 A(M,J)=S
5280 S1=-B(K,J)
5290 B(K,J)=B(M,J)
5300 B(M,J)=S1
5310 NEXT J
5320 M=K+1
5330 FOR I=M TO N
5340 S1=A(K,K)↑2+B(K,K)↑2
5350 S=(A(I,K)*A(K,K)+B(I,K)*B(K,K))/S1
5360 B(I,K)=(A(K,K)*B(I,K)-A(I,K)*B(K,K))/S1
5370 A(I,K)=S
5380 NEXT I
5390 L=K-1
5400 IF L=0 THEN 5470
5410 FOR J=M TO N
5420 FOR I=1 TO L
5430 A(K,J)=A(K,J)-A(K,I)*A(I,J)+B(K,I)*B(I,J)
5440 B(K,J)=B(K,J)-B(K,I)*B(I,J)-A(K,I)*B(I,J)
5450 NEXT I
5460 NEXT J
5470 L=K
5480 K=K+1
5490 FOR I=K TO N
5500 FOR J=1 TO L
5510 A(I,K)=A(I,K)-A(I,J)*A(J,K)+B(I,J)*B(J,K)
5520 B(I,K)=B(I,K)-B(I,J)*A(J,K)-A(I,J)*B(J,K)
5530 NEXT J
```

```
5540 NEXT I
5550 IF K<>N THEN 5160
5560 M=1:L=INT(N/2)
5570 IF N=2*L THEN 5600
5580 M=0
5590 D1=A(N,N):D2=B(N,N)
5600 FOR I=1 TO L
5610 J=N-I+M
5620 S=A(I,I)*A(J,J)-B(I,I)*B(J,J)
5630 S1=A(I,I)*B(J,J)+A(J,J)*B(I,I)
5640 T=D1*S-D2*S1
5650 D2=D2*S+D1*S1
5660 D1=T
5670 NEXT I
5680 RETURN
READY.
```

```
100 REM AUFRUF PROZEDUR KOMPLEXE DETERMINANTE
110 :
120 READ N : REM ORDNUNG DER DETERMINANTE
130 DIM A(N,N),B(N,N)
140 :
150 REM EINLESEN DES REALTEILS
160 FOR I=1 TO N
170 FOR J=1 TO N
180 READ A(I,J)
190 NEXT J
200 NEXT I
210 :
220 REM EINLESEN DES IMAGINAERTEILS
230 FOR I=1 TO N
240 FOR J=1 TO N
250 READ B(I,J)
260 NEXT J
270 NEXT I
280 :
290 GOSUB 5000
300 PRINT"DETERMINANTE= ";
310 IF D2>=0 THEN PRINT D1;"+I*";D2:END
320 PRINT D1;"-I*";ABS(D2)
330 END
340 :
350 DATA 4
360 DATA 3,-2,1,4
370 DATA 5,0,2,-3
380 DATA 4,1,-5,6
390 DATA 2,1,0,2
400 :
```

```
410 DATA 7,4,-3,2
420 DATA -6,0,5,1
430 DATA 5,2,-1,0
440 DATA 4,-1,0,-3

READY.
```

KOMPLEXE DETERMINANTE

```
DETERMINANTE=  70.973663 +I* 862.26767
```

2.6 Rang einer ganzzahligen Matrix

Den Rang einer ganzzahligen Matrix kann man durch elementare Zeilenumformungen ermitteln. Man formt dabei die Zeilen oder Spalten so um, daß Zeilen oder Spalten der Einheitsmatrix entstehen. Die Anzahl dieser linear unabhängigen Zeilen oder Spalten ist dann
der Rang der Matrix. Es sei A die Matrix

$$\begin{pmatrix} 1 & 2 & 1 & 0 \\ 3 & 2 & 1 & 2 \\ 2 & -1 & 2 & 5 \\ 5 & 6 & 3 & 2 \\ 1 & 3 & -1 & -3 \\ 2 & 5 & 0 & -3 \end{pmatrix}.$$

Die Addition der 3-fachen 2. Zeile zur 4. Zeile wird nun kurz geschrieben als 3 (2) + (4):

$$\begin{pmatrix} 1 & 2 & 1 & 0 \\ 0 & 4 & 2 & -2 \\ 0 & -6 & 2 & 8 \\ 0 & 4 & 2 & -2 \\ 0 & -1 & 2 & 3 \\ 0 & -6 & 2 & 8 \end{pmatrix} \quad \begin{matrix} \\ 3(1)-(2) \\ (3)-(6) \\ 5(1)-(4) \\ (1)-(5) \\ (3)-(6). \end{matrix}$$

Da nun die 2. und 4. Zeile, ebenso die 3. und 6. Zeile identisch sind, kann jeweils eine
davon Null gesetzt werden

$$\begin{pmatrix} 1 & 2 & 1 & 0 \\ 0 & 2 & 1 & -1 \\ 0 & -3 & 1 & 4 \\ 0 & -1 & 2 & 3 \\ 0 & 0 & 0 & 0 \\ 0 & 0 & 0 & 0 \end{pmatrix} \quad \begin{matrix} \\ (2):2 \\ (3):2 \\ \\ \\ \end{matrix} \quad .$$

Setzt man das Verfahren fort, so ergibt sich

$$\begin{pmatrix} 1 & 2 & 1 & 0 \\ 0 & 0 & 5 & 5 \\ 0 & 0 & -5 & -5 \\ 0 & -1 & 2 & 3 \\ 0 & 0 & 0 & 0 \\ 0 & 0 & 0 & 0 \end{pmatrix} \qquad \begin{matrix} (2)+2(4) \\ (3)-3(4) \end{matrix}$$

Da nun die 3. Zeile von der 2. linear abhängig ist, wird sie nach hinten getauscht und die 2. Zeile durch 5 dividiert. Weiter folgt

$$\begin{pmatrix} 1 & 0 & 5 & 6 \\ 0 & 0 & 1 & 1 \\ 0 & 1 & -2 & -3 \\ 0 & 0 & 0 & 0 \\ 0 & 0 & 0 & 0 \\ 0 & 0 & 0 & 0 \end{pmatrix} \qquad \begin{matrix} (1)+2(3) \\ \\ -1(1) \end{matrix}$$

und damit

$$\begin{pmatrix} 1 & 0 & 0 & 1 \\ 0 & 0 & 1 & 1 \\ 0 & 1 & 0 & -1 \\ 0 & 0 & 0 & 0 \\ 0 & 0 & 0 & 0 \\ 0 & 0 & 0 & 0 \end{pmatrix} \qquad \begin{matrix} (1)-5(2) \\ \\ (3)-2(2) \end{matrix}$$

Dies zeigt, daß der Rang der Matrix 3 ist. Das Programm geht in ähnlicher Weise vor, nur werden hier die elementaren Zeilenumformungen gleichzeitig auch an der Einheitsmatrix durchgeführt. Nach diesem Verfahren kann man auch die Inverse einer Matrix bestimmen (siehe Abschnitt 2.4).

```
5000 REM PROZEDUR RANG E.GANZZAHLIGEN MATRIX....
5010 REM .............................................
5020 REM EINGABEPARAMETER.................................
5030 REM ...............M ZEILENZAHL....................
5040 REM ...............N SPALTENZAHL...................
5050 REM ...............M(N,M) ERWEITERTE MATRIX.
5060 REM .............................................
5070 REM AUSGANGSPARAMETER...............................
5080 REM ...............R RANG..........................
5090 REM .............................................
5100 REM VERWENDETE PARAMETER........................
5110 REM I,J,D,IN,IT,NL,Q,C(N+M)...........
5120 :
5130 REM RANGBESTIMMUNG
5140 DIM C(N+M)
```

```
5150 I=0:J=0:IT=0
5160 T=N+M
5170 IF IT=I THEN 5220
5180 FOR K=J TO T
5190 Q=-M(I,K):M(I,K)=M(IT,K):M(IT,K)=Q
5200 NEXT K
5210 C(I)=C(IT)
5220 I=I+1
5230 IF I>M THEN 5490
5240 J=J+1
5250 IF J>N THEN 5490
5260 FOR K=I TO M
5270 C(K)=ABS(M(K,J))
5280 NEXT K
5290 IT=I-1
5300 NL=0
5310 FOR K=I TO M
5320 IF C(K)<=NL OR K=IT THEN 5350
5330 NL=C(K)
5340 IN=K
5350 NEXT K
5360 IF NL=0 THEN 5240
5370 IT=IN:NL=0
5380 FOR K=I TO M
5390 IF C(K)<=NL OR K=IT THEN 5410
5400 NL=C(K):IN=K
5410 NEXT K
5420 IF NL=0 THEN 5170
5430 Q=INT(M(IT,J)/M(IN,J))
5440 FOR K=J TO T
5450 M(IT,K)=M(IT,K)-Q*M(IN,K)
5460 NEXT K
5470 C(IT)=ABS(M(IT,J))
5480 GOTO 5370
5490 R=I-1
5500 N=N1:M=M1
5510 RETURN


100 REM AUFRUF PROZEDUR RANGBESTIMMUNG
110 :
120 READ M,N
130 DIM A(M,N),M(M+N,M+N+1)
140 :
150 FOR I=1 TO M
160 FOR J=1 TO N
170 READ A(I,J)
180 NEXT J
190 NEXT I
200 :
210 REM TRANSPONIEREN
220 FOR I=1 TO N
```

```
230 FOR J=1 TO M
240 M(I,J)=A(J,I)
250 NEXT J
260 NEXT I
270 REM ERWEITERN MIT EINHEITSMATRIX
280 FOR J=1 TO N+1
290 FOR I=1 TO N+1
300 D=0
310 IF I=J THEN D=1
320 M(I,J+M)=D
330 NEXT I
340 NEXT J
350 :
360 M1=M:N1=N:N=M1:M=N1
370 GOSUB 5000
380 :
390 PRINT"RANG=";R
400 END
410 :
420 DATA 6,4
430 DATA 1,2,1,0
440 DATA 3,2,1,2
450 DATA 2,-1,2,5
460 DATA 5,6,3,2
470 DATA 1,3,-1,-3
480 DATA 2,5,0,-3
```

```
READY.

RANG EINER MATRIX

RANG= 3
```

2.7 Test auf Positiv-Definitheit

Die *Pascal-Matrix*

$$\mathbf{A} = \begin{pmatrix} 1 & 1 & 1 & 1 \\ 1 & 2 & 3 & 4 \\ 1 & 3 & 6 & 10 \\ 1 & 4 & 10 & 20 \end{pmatrix}$$

ist positiv definit, da die zugehörige quadratische Form $\mathbf{x}^T \mathbf{A} \mathbf{x}$

$$\begin{aligned} Q(x) = x_1^2 &+ 2x_1x_2 + 2x_1x_3 + 2x_1x_4 \\ &+ 2x_2^2 + 6x_2x_3 + 8x_2x_4 \\ &+ 6x_3^2 + 20x_3x_4 \\ &+ 20x_4^2 \end{aligned}$$

sich vollständig als Summe von Quadraten schreiben läßt:

$$Q(x) = (x_1 + x_2 + x_3 + x_4)^2 + (x_2 + 2x_3 + x_4)^2 + (x_3 + 3x_4)^2 + x_4^2.$$

$Q(x)$ verschwindet daher nur für den Nullvektor $x = 0$. Für die Definitheit einer Matrix gibt es auch ein Determinantenkriterium: Sind alle Hauptunterdeterminanten positiv, so ist die Matrix positiv definit; sind sie alternierend mit $D_1 = a_{11} < 0$, ist die Matrix negativ definit. Für die obige Pascal-Matrix gilt

$$D_1 = 1 > 0$$

$$D_2 = \begin{vmatrix} 1 & 1 \\ 1 & 2 \end{vmatrix} = 1 > 0 \qquad\qquad D_3 = \begin{vmatrix} 1 & 1 & 1 \\ 1 & 2 & 3 \\ 1 & 3 & 6 \end{vmatrix} = 1 > 0$$

$$D_4 = \begin{vmatrix} 1 & 1 & 1 & 1 \\ 1 & 2 & 3 & 4 \\ 1 & 3 & 6 & 10 \\ 1 & 4 & 10 & 20 \end{vmatrix} = 1 > 0 \quad.$$

Positiv definite Matrizen haben insbesondere positive Diagonalelemente und Eigenwerte.

Bedeutung haben definite Matrizen in der nichtlinearen Optimierung. Ist eine Funktion $f(x)$ in einem Gebiet des $\mathbb{R}^n$ zweimal stetig differenzierbar, so hat sie in einem stationären Punkt x_0 ein lokales Minimum, wenn die *Hesse-Matrix* der 2. Ableitungen

$$H_{ij} = \frac{\partial f(x_0)}{\partial x_i \partial x_j}$$

dort positiv definit ist. Entsprechend ist die Negativ-Definitheit von H hinreichend für das Vorliegen eines lokalen Maximums.

Für die quadratische Funktion

$$f(x) = x_1^2 + 3x_2^2 + x_3^2 - x_1 x_2 - 2x_2 x_3$$

verschwindet der Gradient

$$\text{grad}(f) = \begin{pmatrix} 2x_1 - x_2 \\ -x_1 + 6x_2 - 2x_3 \\ -2x_2 + 2x_3 \end{pmatrix}$$

genau für $x = 0$. Die *Hesse-Matrix* ist hier konstant auf $\mathbb{R}^3$

$$H = \begin{pmatrix} 2 & -1 & 0 \\ -1 & 6 & -2 \\ 0 & -2 & 2 \end{pmatrix}.$$

Da H strikt diagonal-dominant, irreduzibel ist und nur positive Diagonalelemente hat, ist H positiv definit [33]. Eine weitere wichtige Rolle spielen positiv definite Matrizen in der Ausgleichsrechnung (vgl. [19]). Da die Quadratwurzel aus den Diagonalelementen Standardabweichungen darstellen, müssen die Kovarianzmatrizen positiv definit sein. Ebenfalls müssen Trägheitstensoren positiv definit sein, da die Kehrwerte der Quadratwurzel aus den Eigenwerten die Halbachsen des Trägheitsellipsoids angeben (vgl. numerisches Beispiel des Anhangs).

Positiv definite Matrizen können auch numerisch charakterisiert werden. Für solche Matrizen **A** existiert nämlich eine Zerlegung der Form

$$A = R^T R$$

wobei **R** eine obere Dreiecksmatrix ist. Diese *Cholesky-Zerlegung* wird durch das Struktogramm beschrieben. Gelingt die Zerlegung, so wird eine entsprechende Meldung ausgedruckt. Mit der so erhaltenen Dreiecksmatrix **R** können positiv definite Gleichungssysteme gelöst und Matrizen **A** invertiert werden (vgl. [19]).

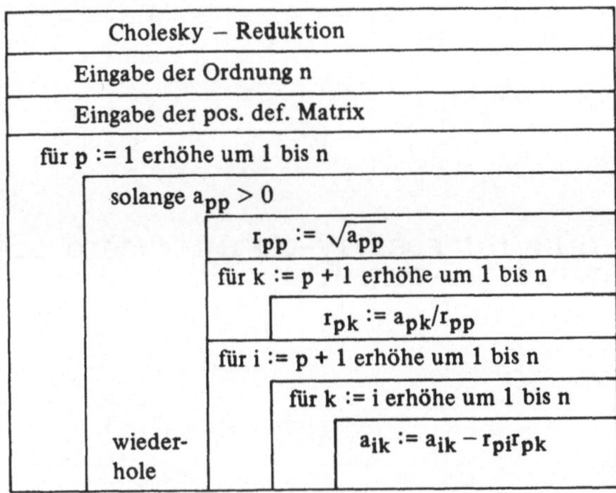

```
5000 REM PROZEDUR TEST AUF POSITIV-DEFINITHEIT
5010 REM........................................
5020 REM EINGANGSPARAMETER......................
5030 REM ...............N ORDNUNG DER MATRIX....
5040 REM ...............A(N,N) MATRIX...........
5050 REM ......................................
5060 REM AUSGANGSPARAMETER......................
5070 REM ...............DF (WAHR=1:FALSCH=0)....
5080 REM ......................................
5090 REM VERWENDETE PARAMETER...................
5100 REM I,J,K,L...............................
5110 :
5120 DIM R(N,N)
5130 DF=1
5140 REM CHOLESKY-REDUKTION
5150 FOR I=1 TO N
5160 IF A(I,I)<=0 THEN DF=0:GOTO 5280
5170 R(I,I)=SQR(A(I,I))
5180 IF I=N THEN 5270
5190 FOR J=I+1 TO N
5200 R(I,J)=A(I,J)/R(I,I)
5210 NEXT J
5220 FOR K=I+1 TO N
```

```
5230 FOR L=I TO N
5240 A(K,L)=A(K,L)-R(I,K)*R(I,L)
5250 NEXT L
5260 NEXT K
5270 NEXT I
5280 RETURN


100 REM AUFRUF PROZEDUR POSITIV-DEFINITHEIT
110 :
120 READ N : REM ORDNUNG DER MATRIX
130 DIM A(N,N)
140 FOR I=1 TO N
150 FOR J=1 TO N
160 READ A(I,J)
170 NEXT J
180 NEXT I
190 :
200 GOSUB 5000
210 IF DF=1 THEN PRINT"MATRIX IST POSITIV-DEFINIT":GOTO 230
220 PRINT"MATRIX IST NICHT POSITIV-DEFINIT"
230 END
240 :
250 DATA 5
260 DATA 10,7,8,7,6
270 DATA 7,5,6,5,4
280 DATA 8,6,10,9,6
290 DATA 7,5,9,10,7
300 DATA 6,4,6,7,9


READY.


TEST AUF POSITIV-DEFINITHEIT


MATRIX IST POSITIV DEFINIT
```

2.8 Charakteristisches Polynom

Es gibt zahlreiche Verfahren zur Bestimmung des charakteristischen Polynoms einer
Matrix, z.B. die Verfahren von *Hessenberg* oder von *Krylow*.

Ein anderes einfaches Verfahren stammt von *Faddejew*. Ist A_1 die Matrix, deren
charakteristisches Polynom gesucht ist, von der Ordnung n, so führt man $n-1$ Itera-
tionsschritte

$$A_{i+1} = A_1(A_i - c_i E) \quad i = 1, 2, \ldots, n-1$$

durch. Die Koeffizienten c_i ergeben sich dabei aus

$$c_i = \text{Spur}(A_i)/i.$$

Versieht man diese Koeffizienten mit negativen Vorzeichen für gerades n, so erhält man die Koeffizienten des charakteristischen Polynoms

$$p(\lambda) = (-1)^{n+1}(\lambda^n + c_1\lambda^{n-1} + c_2\lambda^{n-1} + \dots + c_n).$$

Interessant ist, daß die Koeffizienten c_i auch die Determinante

$$\det(A_1) = (-1)^{n+1}c_n$$

und die Inverse

$$A_1^{-1} = (A_{n-1} - c_{n-1}E)\frac{1}{c_n} \quad \text{liefern.}$$

c_n stellt den Betrag der Determinante und somit das Produkt der Eigenwerte dar. c_n verschwindet also nur, wenn A_1 singulär ist.

Als Programmbeispiel dient das charakteristische Polynom der Matrix

$$A = \begin{pmatrix} 5 & 1 & 2 & -8 \\ 4 & 0 & 2 & -5 \\ -6 & 2 & -2 & 6 \\ 4 & -1 & 2 & -2 \end{pmatrix}.$$

Es ergibt sich das charakteristische Polynom

$$p(\lambda) = \lambda^4 - \lambda^3 + 3\lambda^2 + 11\lambda - 14.$$

Mit Hilfe eines Programms zur Bestimmung von Polynom-Nullstellen berechnen sich die Eigenwerte zu

$$\lambda_1 = 1, \lambda_2 = -2, \lambda_3 = 1 + i\sqrt{6}, 4 = 1 - i\sqrt{6}.$$

Da A nicht symmetrisch ist, sind die Eigenwerte nicht notwendig reell.

Neuere Verfahren, wie das QR-Verfahren oder das LR-Verfahren von *Rutishauser*, zielen darauf ab, Matrizen so zu transformieren, daß die Eigenwerte auch ohne charakteristisches Polynom bestimmt werden können. Ein Programm zum QR-Verfahren z.B. findet sich in [19].

Ein Verfahren zur Eigenwertbestimmung symmetrischer Matrizen findet sich im nächsten Abschnitt.

```
5000 REM PROZEDUR CHARAKTERISTISCHES POLYNOM
5010 REM .................................................
5020 REM EINGANGSPARAMETER...............................
5030 REM ..................N ORDNUNG DER MATRIX......
5040 REM ..................A(N,N) MATRIX.............
5050 REM .................................................
5060 REM AUSGANGSPARAMETER...............................
5070 REM ...............P(N) POLYNOMKOEFFIZIENTEN
5080 REM .................................................
```

```
5090 REM VERWENDETE PARAMETER.................
5100 REM I,J,K,L,S,B(N,N),C(N).................
5110 :
5120 DIM B(N,N),C(N)
5130 FOR I=1 TO N
5140 FOR J=1 TO N
5150 B(I,J)=A(I,J)
5160 NEXT J
5170 NEXT I
5180 :
5190 P(0)=-1
5200 FOR K=1 TO N-1
5210 S=0
5220 FOR I=1 TO N
5230 S=S+B(I,I)
5240 NEXT I
5250 P(K)=S/K
5260 FOR I=1 TO N
5270 B(I,I)=B(I,I)-P(K)
5280 NEXT I
5290 :
5300 FOR J=1 TO N
5310 FOR I=1 TO N
5320 C(I)=B(I,J)
5330 NEXT I
5340 FOR I=1 TO N
5350 B(I,J)=0
5360 FOR L=1 TO N
5370 B(I,J)=B(I,J)+A(I,L)*C(L)
5380 NEXT L
5390 NEXT I
5400 NEXT J
5410 NEXT K
5420 P(N)=B(N,N)
5430 RETURN


100 REM AUFRUF PROZEDUR CHARAKTERISTISCHES POLYNOM
110 :
120 READ N : REM ORDNUNG DER MATRIX
130 DIM A(N,N),P(N)
140 FOR I=1 TO N
150 FOR J=1 TO N
160 READ A(I,J)
180 NEXT J
190 NEXT I
200 GOSUB 5000
450 :
460 PRINT"KOEFFIZIENTEN DES"
470 PRINT"CHARAKTERISTISCHEN POLYNOMS:"
490 FOR I=0 TO N
500 IF N/2=INT(N/2) THEN P(I)=-P(I)
510 PRINT P(I)
```

```
520 NEXT I
530 END
540 :
550 DATA 4
560 DATA 5,1,2,-8
570 DATA 4,0,2,-5
580 DATA -6,2,-2,6
590 DATA 4,-1,2,-2

READY.


CHARAKTERISTISCHES POLYNOM


KOEFFIZIENTEN DES
CHARAKTERISTISCHEN POLYNOMS:
  1
 -1
  3
 11
-14
```

2.9 Jacobi-Rotation

Die *Jacobi-Rotation* erfordert zwar mehr Rechenaufwand als das *Householder-Verfahren* (vgl. z.B. [19]), liefert aber gleichzeitig die zugehörigen Eigenvektoren.

Die symmetrische Matrix wird durch Ähnlichkeitsabbildungen mittels orthogonaler Drehmatrizen auf Diagonalgestalt gebracht, da die Diagonalelemente einer solchen Matrix zugleich ihre Eigenwerte sind. Das Verfahren wird abgebrochen, wenn die Norm der Nicht-Diagonalelemente genügend klein ist.

Multipliziert man alle Dreh-Matrizen miteinander, so stellen die Spaltenvektoren der Produktmatrix gerade die Eigenvektoren der gegebenen Matrix dar.

Der genaue Algorithmus kann nachfolgendem Struktogramm entnommen werden. Der Programmteil (rotation) ist dabei als Unterprogramm formuliert.

Als Beispiel wird das Eigenwertproblem der Matrix

$$\begin{pmatrix} 5 & 4 & 1 & 1 \\ 4 & 5 & 1 & 1 \\ 1 & 1 & 4 & 2 \\ 1 & 1 & 2 & 4 \end{pmatrix}$$

behandelt. Da das Programm die sehr kleine Schranke 10^{-7} für die Norm der Nicht-Diagonalelemente setzt, erhält man sehr genaue Eigenwerte und Eigenvektoren (siehe Programm-Ausdruck).

Die exakten Eigenwerte sind 10, 1, 5, 2. Die zugehörigen Eigenvektoren sind nicht-normiert:

$$(1, 1, 2, 2)^{T}, (-1, 1, 0, 0)^{T}, (-1, -1, 2, 2)^{T} \text{ und } (0, 0, -1, 1)^{T}.$$

Die Eigenvektoren im Programm werden nach der Euklid-Norm zu $\| x \|_2 = 1$ normiert.

Jacobi – Rotation

Eingabe der Ordnung n und der Matrix A

Eingabe der Schranke r

für j := 1 erhöhe um 1 bis n
> $s_{jj} := 1$

k := 0

für i := 2 erhöhe um 1 bis n
> für j := 1 erhöhe um 1 bis n
> > $k := k + 2a_{ij}^2$

$l := \sqrt{k}$, $m := rl/n$, $t := l$

wieder-
hole
> $t := t/n$
>
> für q := 2 erhöhe um 1 bis n
> > für p := 1 erhöhe um 1 bis q − 1
> > > $|a_{pq}| \leqslant t$
> > > j .... n
> > >
> > > $u := 1$, $v1 := a_{pp}$, $v2 := a_{pq}$
> > > $v3 := a_{qq}$, $m1 := (v1 − v3)/2$
> > >
> > > | $m1 \neq 0$ | |
> > > | j .... | n |
> > > | $w := - \operatorname{sign}(m1)\, v2/\sqrt{v_2^2 + m1^2}$ | $w := -1$ |
> > >
> > > $t1 := w/\sqrt{2(1 + \sqrt{1 - w/2})}$
> > > $t2 := t1^2$, $c1 := \sqrt{1 - t2}$
> > > $c2 := c1^2$, $t3 := t1 \cdot c1$
> > >
> > > (Rotation)

bis t ⩽ m

(Rotation)

für i := 1 erhöhe um 1 bis n
> $k := a_{ip} \cdot c1 − a_{iq} \cdot t1$
> $a_{iq} := a_{ip} \cdot t1 + a_{iq} \cdot c1$
> $a_{ip} := k$, $k := s_{ip} \cdot c1 − s_{iq} \cdot t1$
> $s_{iq} := s_{ip} \cdot t1 + s_{iq} \cdot c1$
> $s_{ip} := k$

für i := 1 erhöhe um 1 bis n
> $a_{pi} := a_{ip}$, $a_{qi} := a_{iq}$

$a_{pp} := v1 \cdot c2 + v3 \cdot t2 − 2v2 \cdot t3$

$a_{qq} := v1 \cdot t2 + v3 \cdot c2 + 2v2 \cdot t3$

$a_{pq} := (v1 − v3)\, t3 + v2(c2 − t2)$

$a_{qp} := a_{pq}$

```
6000 REM PROZEDUR JACOBI-ROTATION................
6010 REM ...............................
6020 REM EINGANGSPARAMETER...................
6030 REM .............N ORDNUNG DER MATRIX.......
6040 REM .............A(N,N) SYMM.MATRIX.........
6050 REM ...............................
6060 REM AUSGANGSPARAMETER...................
6070 REM .............A(I,I) EIGENWERT IN DIAGONALE
6080 REM .............S(N,N) EIGENVEKTOREN=ZEILEN
6090 REM ...............................
6100 REM VERWENDETE PARAMETER.................
6110 REM I,J,K,L,M,M1,P,Q,R,T,W,T1,T2,C1,C2,C3
6120 :
6130 DIM S(N,N)
6140 R=1E-7 : REM SCHRANKE FUER NICHT-DIAGONALELEMENTE
6150 FOR J=1 TO N
6160 S(J,J)=1
6170 NEXT J
6180 :
6190 K=0
6200 FOR I=2 TO N
6210 FOR J=1 TO I-1
6220 K=K+2*A(I,J)↑2
6230 NEXT J
6240 NEXT I
6250 :
6260 REM NORM DER NICHT-DIAGONALELEMENTE
6270 L=SQR(K):M=R*L/N:T=L
6280 T=T/N
6290 :
6300 REM DURCHLAUF
6310 FOR Q=2 TO N
6320 FOR P=1 TO Q-1
6330 IF ABS(A(P,Q))<=T THEN 6610
6340 U=1
6350 :
6360 REM BESTIMMUNG DER DREHUNGEN
6370 V1=A(P,P):V2=A(P,Q):V3=A(Q,Q)
6380 M1=(V1-V3)/2
6390 IF M1<>0 THEN 6410
6400 W=-1:GOTO 6420
6410 W=-SGN(M1)*V2/SQR(V2↑2+M1↑2)
6420 T1=W/SQR(2*(1+SQR(1-W/2)))
6430 T2=T1↑2:C1=SQR(1-T2)
6440 C2=C1↑2:T3=T1*C1
6450 :
6460 REM JACOBI-ROTATION
6470 FOR I=1 TO N
6480 K=A(I,P)*C1-A(I,Q)*T1
6490 A(I,Q)=A(I,P)*T1+A(I,Q)*C1
6500 A(I,P)=K:K=S(I,P)*C1-S(I,Q)*T1
6510 S(I,Q)=S(I,P)*T1+S(I,Q)*C1
6520 S(I,P)=K
```

```
6530 NEXT I
6540 FOR I=1 TO N
6550 A(P,I)=A(I,P):A(Q,I)=A(I,Q)
6560 NEXT I
6570 A(P,P)=V1*C2+V3*T2-2*V2*T3
6580 A(Q,Q)=V1*T2+V3*C2+2*V2*T3
6590 A(P,Q)=(V1-V3)*T3+V2*(C2-T2)
6600 A(Q,P)=A(P,Q)
6610 NEXT P
6620 NEXT Q
6630 :
6640 IF U<>1 THEN 6660
6650 U=0:GOTO 6310
6660 IF T>M THEN 6280
6670 RETURN


100 REM AUFRUF PROZEDUR JACOBI-ROTATION
110 :
120 READ N : REM ORDNUNG
130 DIM A(N,N)
140 :
150 FOR I=1 TO N
160 FOR J=1 TO N
170 READ A(I,J)
180 NEXT J
190 NEXT I
200 GOSUB 6000
210 :
220 PRINT "EIGENWERT"," EIGENVEKTOR"
230 FOR I=1 TO N
240 PRINT A(I,I);S(1,I)
250 FOR J=2 TO N
260 PRINT"                 ";S(J,I)
270 NEXT J:PRINT
280 NEXT I
290 END
300 :
310 DATA 4
320 DATA 5,4,1,1
330 DATA 4,5,1,1
340 DATA 1,1,4,2
350 DATA 1,1,2,4


READY.
```

```
JACOBI-ROTATION


EIGENWERT      EIGENVEKTOR
 10.0000001      .632455534
                 .632455532
                 .316227766
                 .316227765

  1.00000001    -.707106781
                 .707106783
                 1.10633902E-08
                -9.511157E-09

  5.00000003    -.316227765
                -.316227766
                 .632455532
                 .632455533

  2.00000001    -1.02312001E-08
                 1.03146474E-08
                -.707106782
                 .707106781
```

3 Lineare Gleichungssysteme

3.1 Gauß-Elimination

Eine der ältesten direkten Methoden zur Lösung von linearen Gleichungssystemen ist die *Gauß-Elimination*.

Wird im System

$$\mathbf{Ax} = \mathbf{b}$$

die k-te Gleichung nach der Unbekannten x_k aufgelöst, so gilt für $a_{kk} \neq 0$

$$x_k = \frac{1}{a_{kk}} \left(-\sum_{i=1}^{k-1} a_{ki}x_i - \sum_{i=k+1}^{n} a_{ki}x_i + b_k \right).$$

Damit der numerische Fehler bei der Division möglichst klein gehalten wird, wählt man das Element a_{kk} — *Pivot* genannt — betragsmäßig groß. Dazu muß im allgemeinen ein Zeilen- oder Spaltentausch durchgeführt werden. Findet sich auch nach Vertauschen kein Element $\neq 0$, so ist die Gleichungsmatrix singulär und das Verfahren muß abgebrochen werden. Setzt man x_k in die folgenden Gleichungen ein, so wird diese Unbekannte eliminiert. Setzt man die Eliminationsschritte fort, so erhält man schließlich ein Gleichungssystem $\mathbf{Cx} = \mathbf{d}$ mit einer oberen Dreiecksmatrix $\mathbf{C}$:

$$\begin{aligned}
c_{11}x_1 + c_{12}x_2 + \ldots + c_{1n}x_n &= d_1 \\
c_{22}x_2 + \ldots + c_{2n}x_n &= d_2 \\
\cdots\cdots\cdots\cdots\cdots \\
c_{nn}x_n &= d_n.
\end{aligned}$$

Dieses System kann durch Rückwärtseinsetzen gelöst werden

$$x_n = d_n/c_{nn}$$

$$x_j = \left(d_j - \sum_{i=j+1}^{n} c_{jk}x_k \right) /c_{jj} \quad j = n-1, n-2, \ldots, 1.$$

Das Verfahren kann durch nachfolgendes Struktogramm beschrieben werden.

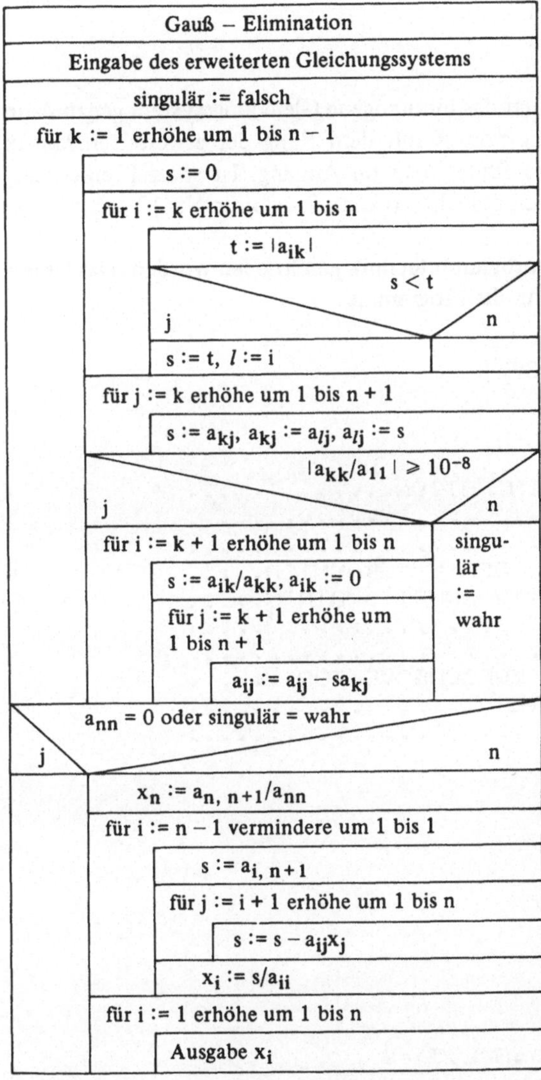

Als Programmbeispiel dient das lineare inhomogene Gleichungssystem

$$Ax = b$$

mit

$$A = \begin{pmatrix} 6 & -3 & 2 & 1 & -1 \\ 3 & 7 & 0 & -4 & 2 \\ 4 & -3 & 6 & -1 & 2 \\ 2 & 4 & 5 & -7 & -3 \\ -1 & 5 & -4 & 0 & 8 \end{pmatrix} \qquad b = \begin{pmatrix} 5 \\ 11 \\ 22 \\ -18 \\ 37 \end{pmatrix}.$$

Das Programm liefert den Lösungsvektor

$$\mathbf{x} = (1, 2, 3, 4, 5)^T$$

Ist die Gleichungsmatrix **A** singulär, so hat das inhomogene Gleichungssystem genau dann eine Parameter-Lösung, wenn der Rang von **A** mit dem Rang der erweiterten Matrix (**A, b**) übereinstimmt. Ein Beispiel dazu findet man im Anhang. Ist speziell eine ganzzahlige Lösung des inhomogenen Systems gesucht, so kann Programm Nr. 12 angewendet werden.

Das Programm ist wieder in Unterprogrammtechnik geschrieben worden. Das Unterprogramm ab Zeile 6000 wird benötigt für die Programme

Reguläre Markowkette (Nr. 20)
Reaktionsausbeute mit Trennstufe (Nr. 37)

```
6000 REM PROZEDUR GAUSS-ELIMINATION.............
6010 REM ....................................
6020 REM EINGANGSPARAMETER......................
6030 REM .............N ZAHL DER UNBEKANNTEN.....
6040 REM .............A(N,N+1) ERWEIT.MATRIX.....
6050 REM ....................................
6060 REM AUSGANGSPARAMETER......................
6070 REM .............X(N) LOESUNGSVEKTOR.......
6080 REM VERWENDETE PARAMETER...................
6090 REM I,J,K,L,S,T............................
6100 :
6110 FOR K=1 TO N-1
6120 S=0
6130 REM PIVOTSUCHE
6140 FOR I=K TO N
6150 T=ABS(A(I,K))
6160 IF S>T THEN 6180
6170 S=T:L=I
6180 NEXT I
6190 REM ZEILENTAUSCH
6200 FOR J=K TO N+1
6210 S=A(K,J):A(K,J)=A(L,J):A(L,J)=S
6220 NEXT J
6230 IF ABS(A(K,K)/A(1,1))>1E-7 THEN 6250
6240 PRINT"MATRIX SINGULAER":END
6250 FOR I=K+1 TO N
6260 S=A(I,K)/A(K,K):A(I,K)=0
6270 FOR J=K+1 TO N+1
6280 A(I,J)=A(I,J)-S*A(K,J)
6290 NEXT J
6300 NEXT I
6310 NEXT K
6320 :
6330 REM LOESUNG DES DREIECKSYSTEMS
6340 X(N)=A(N,N+1)/A(N,N)
6350 FOR I=N-1 TO 1 STEP -1
```

```
6360 S=A(I,N+1)
6370 FOR J=I+1 TO N
6380 S=S-A(I,J)*X(J)
6390 NEXT J
6400 X(I)=S/A(I,I)
6410 NEXT I
6420 RETURN


100 REM AUFRUF PROZEDUR GAUSS-ELIMINATION
110 :
120 READ N
130 DIM A(N,N+1),X(N)
140 :
150 REM ERWEITERTE GLEICHUNGSMATRIX
160 FOR I=1 TO N
170 FOR J=1 TO N+1
180 READ A(I,J)
190 NEXT J
200 NEXT I
210 :
530 GOSUB 6000
540 PRINT"LOESUNGSVEKTOR:"
550 FOR I=1 TO N
560 PRINT"X(";I;")=";X(I)
570 NEXT I
580 END
590 :
600 DATA 5
610 DATA 6,-3,2,1,-1,5
620 DATA 3,7,0,-4,2,11
630 DATA 4,-3,6,-1,2,22
640 DATA 2,4,5,-7,-3,-18
650 DATA -1,5,-4,0,8,37

READY.


GAUSS-ELIMINATION


LOESUNGSVEKTOR:
X( 1 )= .999999999
X( 2 )= 2
X( 3 )= 3
X( 4 )= 4.00000001
X( 5 )= 5
```

3.2 Konjugierte Gradienten-Methode

Die konjugierte Gradienten-Methode ist ein Iterationsverfahren zur Lösung von positiv definiten Gleichungssystemen [33]

$$Ax = b.$$

Zur Lösung solcher Systeme gibt es aber effektivere, direkte Methoden, z.B. die Auflösung nach *Cholesky* (vgl. z.B. [19]). Die Bedeutung der konjugierten Gradienten-Methode liegt darin, daß sie auch zur Lösung von überbestimmten linearen Gleichungssystemen verwendet werden kann. Der Algorithmus wird durch das Struktogramm dargestellt.

Ist r der Residuenvektor des Gleichungssystem $Ax = b$ (1) mit

$$r = Ax - b$$

so folgt durch skalare Multiplikation

$$r^2 = (Ax - b)^2 = x^T A^T Ax - 2x^T A^T b + b^2 .$$

Das Minimum dieser quadratischen Funktion erhält man durch Differenzieren für

$$A^T Ax - A^T b = 0. \tag{2}$$

Dieses lineare Gleichungssystem ist positiv definit, falls A Maximalrang hat [33]. Durch Lösung des positiv-definiten Gleichungssystems (2) wird somit auch (1) gelöst. Da dabei der Residuenvektor im Sinne der Euklidnorm $\| \ \|_2$ minimiert wird, erhält man dadurch auch die Lösung eines überbestimmten Gleichungssystems im Sinne der Gaußschen Methode der kleinsten Quadrate.

Multipliziert man das überbestimmte lineare Gleichungssystem

$$Ax = b$$

mit

$$A = \begin{pmatrix} 5 & -3 & 1 \\ -1 & 4 & 2 \\ 4 & -1 & -5 \\ 3 & 2 & -4 \\ 1 & 1 & 1 \end{pmatrix} \qquad b = \begin{pmatrix} 3 \\ 5 \\ -2 \\ 1 \\ 3 \end{pmatrix}$$

von links mit A^T, so ergibt sich das positiv definite System

$$A^T Ax = A^T b$$

mit

$$A^T A = \begin{pmatrix} 52 & -16 & -28 \\ -16 & 31 & 3 \\ -28 & 3 & 47 \end{pmatrix} \qquad A^T b = \begin{pmatrix} 8 \\ 18 \\ 22 \end{pmatrix}$$

und der Lösung

$$x = (1, 1, 1)^T .$$

Als Programmbeispiel soll die Temperaturabhängigkeit eines Widerstands durch eine lineare Funktion angenähert werden. Folgende Meßwerte liegen vor:

$\dfrac{t}{°C}$	$\dfrac{R}{\Omega}$
19	76.3
25	77.8
30	79.8
36	80.8
40	82.4
45	83.9
50	85.1

Der Ansatz

$$R = at + b$$

liefert das lineare Gleichungssystem

$$C \begin{pmatrix} a \\ b \end{pmatrix} = d$$

mit

$$C = \begin{pmatrix} 19 & 1 \\ 25 & 1 \\ 30 & 1 \\ 36 & 1 \\ 40 & 1 \\ 45 & 1 \\ 50 & 1 \end{pmatrix} \qquad d = \begin{pmatrix} 76.3 \\ 77.8 \\ 79.8 \\ 80.8 \\ 82.4 \\ 83.9 \\ 85.1 \end{pmatrix} .$$

Das Programm liefert

$$a = 0.288, \quad b = 70.807.$$

Die Ausgleichsgerade ist somit

$$R(t) = 0.288\,t + 70.807.$$

Konjugierte Gradienten

Eingabe „Zahl d. Gleichungen": n

Eingabe „Zahl d. Unbekannten": m

Eingabe der erweiterten Matrix A

für i := 1 erhöhe um 1 bis n

$a_{i,m+2} := - a_{i,m+1}$

$r := 10^{30}; i := 0$

wiederhole

i := i + 1

u := r; r := 0

für j := 1 erhöhe um 1 bis m

s := 0

für k := 1 erhöhe um 1 bis n

$s := s + a_{kj} a_{k,m+2}$

$a_{n+3,j} := s; r := r + s^2$

s := r/u

für j := 1 erhöhe um 1 bis m

$a_{n+2,j} := s a_{n+2,j} - a_{n+3,j}$

s := 0

für k := 1 erhöhe um 1 bis n

t := 0

für j := 1 erhöhe u.1 bis m

$t := t + a_{kj} a_{n+2,j}$

$a_{k,m+3} := t; s := s + t^2$

$konvergent := (s \leqslant 10^{-9})$

t := r/s

für j := 1 erh. u.1 bis m

$a_{n+1,j} := a_{n+1,j} + t a_{n+2,j}$

für k := 1 erh. u.1 bis n

$a_{k,+2} := a_{k,m+2} + t a_{k,m+3}$

bis i = n + m oder konvergent = wahr

i < n + m

j   n

für i := 1 erhöhe um 1 bis m

$x_i := a_{n+1,i}$
Ausgabe x_i

```
5000 REM PROZEDUR KONJUGIERTE GRADIENTEN........
5010 REM ................................
5020 REM EINGANGSPARAMETER...................
5030 REM ..............N ZAHL DER GLEICHUNGEN...
5040 REM ..............M ZAHL DER UNBEKANNTEN...
5050 REM ................................
5060 REM AUSGANGSPARAMETER...................
5070 REM ..............X(N) LOESUNGSVEKTOR......
5080 REM ................................
5090 REM VERWENDETE PARAMETER..................
5100 REM I,J,K,R,S,T,U
5110 :
5120 R=1E30
5130 FOR I=1 TO N+M
5140 U=R:R=0
5150 FOR J=1 TO M
5160 S=0
5170 FOR K=1 TO N
5180 S=S+A(K,J)*A(K,M+2)
5190 NEXT K
5200 A(N+3,J)=S
5210 R=R+S↑2
5220 NEXT J
5230 :
5240 S=R/U
5250 FOR J=1 TO M
5260 A(N+2,J)=S*A(N+2,J)-A(N+3,J)
5270 NEXT J
5280 :
5290 S=0
5300 FOR K=1 TO N
5310 T=0
5320 FOR J=1 TO M
5330 T=T+A(K,J)*A(N+2,J)
5340 NEXT J
5350 A(K,M+3)=T
5360 S=S+T↑2
5370 NEXT K
5380 IF S< 1E-9 THEN 5490
5390 :
5400 T=R/S
5410 FOR J=1 TO M
5420 A(N+1,J)=A(N+1,J)+T*A(N+2,J)
5430 NEXT J
5440 FOR K=1 TO N
5450 A(K,M+2)=A(K,M+2)+T*A(K,M+3)
5460 NEXT K
5470 NEXT I
5480 :
5490 FOR I=1 TO M
5500 X(I)=A(N+1,I)
5510 NEXT I
5520 RETURN
```

```
100 REM AUFRUF PROZEDUR KONJUGIERTE GRADIENTEN
110 :
120 READ N : REM ANZAHL DER GLEICHUNGEN
130 READ M : REM ZAHL DER UNBEKANNTEN
140 DIM A(N+3,M+3),X(M)
150 :
160 REM EINLESEN DER ERWEITERETEN MATRIX
170 FOR I=1 TO N
180 FOR J=1 TO M+1
190 READ A(I,J)
200 NEXT J
210 A(I,M+2)=-A(I,M+1)
220 NEXT I
230 GOSUB 5000
240 :
250 PRINT"METHODE DER KONJUGIERTEN GRADIENTEN"
260 IF N<>M THEN 280
270 PRINT"LOESUNGSVEKTOR":GOTO 290
280 PRINT"LOESUNG NACH DER METHODE DER KLEINSTEN QUADRATE"
290 FOR I=1 TO M
300 PRINT"X(";I;")=";X(I)
310 NEXT I
320 END
330 :
340 DATA 7,2
350 DATA 19,1,76.3
360 DATA 25,1,77.8
370 DATA 30,1,79.8
380 DATA 36,1,80.8
390 DATA 40,1,82.4
400 DATA 45,1,83.9
410 DATA 50,1,85.1

READY.


KONJUGIERTE  GRADIENTEN

LOESUNG NACH DER METHODE DER KLEINSTEN QUADRATE
X( 1 )= .287568304
X( 2 )= 70.8065379
```

3.3 Lineares ganzzahliges Gleichungssystem

Bei vielen im wirtschaftlichen Bereich auftretenden Gleichungssystemen kommen nur ganzzahlige Lösungen in Betracht, wenn es um den Einsatz von Maschinen, Fahrzeugen usw. geht.

Das folgende Programm zur Ermittlung der diophantischen Lösungsmenge eines inhomogenen Gleichungssystem basiert auf einem Verfahren von *W. A. Blankinship* in

CACM 288. Durch Verallgemeinerung des Euklidschen Algorithmus in Verbindung von elementaren Zeilenumformungen löst das Verfahren sogar über- und unterbestimmte Gleichungssysteme. Dabei wird das Verfahren zur Rangbestimmung einer ganzzahligen Matrix von Programm 6 benützt. Tritt eine Parameterlösung auf, so wird sie als Summe der allgemeinen homogenen Lösung und einer speziellen inhomogenen Lösung bestimmt. Wird keine Lösung des System

$$Ax = b$$

gefunden, so sucht das Programm ganzzahlige Lösungen von

$$Ax = bd.$$

Das entsprechende Vielfache d der rechten Seite wird ausgegeben.

Weitere Anwendungen von ganzzahligen Gleichungssystemen sind die chemischen Reaktionsgleichungen, da nur immer eine ganze Zahl von Atomen an chemischen Verbindungen beteiligt ist. Betrachtet wird die Reaktionsgleichung

$$Pb(N_3)_2 + Cr(MnO_4)_2 \rightarrow Cr_2O_3 + MnO_2 + Pb_3O_4 + NO_2.$$

Gesucht ist die Anzahl der jeweiligen Moleküle, die diese Reaktion erlauben. Faßt man jedes Molekül als Linearkombination der Elemente Blei, Stickstoff, Crom, Mangan und Sauerstoff auf, so können diese Elemente als Basisvektoren gelten

$$Pb = (1, 0, 0, 0, 0)^T$$
$$N = (0, 1, 0, 0, 0)^T$$
$$Cr = (0, 0, 1, 0, 0)^T$$
$$Mn = (0, 0, 0, 1, 0)^T$$
$$O = (0, 0, 0, 0, 1)^T.$$

Einsetzen in die Reaktionsgleichung ergibt die Vektorgleichung

$$x_1 \begin{pmatrix} 1 \\ 6 \\ 0 \\ 0 \\ 0 \end{pmatrix} + x_2 \begin{pmatrix} 0 \\ 0 \\ 1 \\ 2 \\ 8 \end{pmatrix} = x_3 \begin{pmatrix} 0 \\ 0 \\ 2 \\ 0 \\ 3 \end{pmatrix} + x_4 \begin{pmatrix} 0 \\ 0 \\ 0 \\ 1 \\ 2 \end{pmatrix} + x_5 \begin{pmatrix} 3 \\ 0 \\ 0 \\ 0 \\ 4 \end{pmatrix} + x_6 \begin{pmatrix} 0 \\ 1 \\ 0 \\ 0 \\ 1 \end{pmatrix}.$$

Der erste Vektor $(1, 6, 0, 0, 0)^T$ erklärt sich daraus, daß $Pb(N_3)_2$ aus einem Blei- und aus sechs Stickstoffatomen besteht. Das Gleichungssystem ist unterbestimmt, da es mehr Unbekannte als Gleichungen hat. Setzt man $x_1 = 1$, so erhält man das inhomogene System

$$\begin{pmatrix} 0 & 0 & 0 & 3 & 0 \\ 0 & 0 & 0 & 0 & 1 \\ -1 & 2 & 0 & 0 & 0 \\ -2 & 0 & 1 & 0 & 0 \\ -8 & 3 & 2 & 4 & 1 \end{pmatrix} \begin{pmatrix} x_2 \\ x_3 \\ x_4 \\ x_5 \\ x_6 \end{pmatrix} = \begin{pmatrix} 1 \\ 6 \\ 0 \\ 0 \\ 0 \end{pmatrix}.$$

Eingabe ins Programm liefert für $d = 15$ eine ganzzahlige Lösung. Somit gilt

$$x = (15, 44, 22, 88, 5, 90)^T.$$

Neben diesem Programmbeispiel soll auch die numerische Aufgabe aus dem Anhang geprüft werden. Gesucht sei die Lösung von

$$Ax = b$$

mit

$$A = \begin{pmatrix} 1 & 1 & 1 & 2 & 0 \\ 1 & 1 & 2 & -1 & 1 \\ 2 & 2 & 3 & 1 & 1 \\ 3 & 3 & 4 & 3 & 1 \\ 5 & 5 & 7 & 4 & 2 \end{pmatrix} \qquad b = \begin{pmatrix} 4 \\ -3 \\ 1 \\ 5 \\ 6 \end{pmatrix}.$$

Die im Programm ausgegebene Lösung muß spaltenweise gelesen werden:

$$x = \begin{pmatrix} 0 \\ 0 \\ 0 \\ 2 \\ -1 \end{pmatrix} + u \begin{pmatrix} 0 \\ -1 \\ 1 \\ 0 \\ -1 \end{pmatrix} + v \begin{pmatrix} -2 \\ -3 \\ 3 \\ 1 \\ 0 \end{pmatrix} + w \begin{pmatrix} -1 \\ 1 \\ 0 \\ 0 \\ 0 \end{pmatrix}.$$

Es läßt sich zeigen, daß diese Lösung mit der im Anhang gegebenen übereinstimmt.

```
100 REM LINEARES GANZZAHLIGES GLEICHUNGSSYSTEM
110 :
120 READ M,N
130 DIM A(M,N),M(N+1,M+N+1)
140 :
150 REM GLEICHUNGSMATRIX
160 FOR I=1 TO M
170 FOR J=1 TO N
180 READ A(I,J)
190 NEXT J
200 NEXT I
210 :
220 REM RECHTE SEITE
230 FOR I=1 TO M
240 READ B(I)
250 NEXT I
260 :
270 FOR J=1 TO M
280 M(1,J)=-B(J)
290 FOR I=1 TO N
300 M(I+1,J)=A(J,I)
310 NEXT I
320 NEXT J
330 :
340 M1=M:M=N+1:N1=N:N=M1+1
350 REM RANGBESTIMMUNG
```

```
360 GOSUB 5000
370 :
380 D=M(R,M+1)
390 IF D<>0 THEN 410
400 PRINT"KEINE LOESUNG":END
410 IF R>M THEN 460
420 FOR I=R TO M
430 IF M(R,I)=0 THEN 450
440 PRINT"KEINE LOESUNG":END
450 NEXT I
460 S=1
470 IF D<0 THEN S=-1
480 D=S*D
490 K=N+1-R
500 FOR I=1 TO N
510 X(I)=M(R,M+1+I)*S
520 IF K=0 THEN 560
530 FOR J=1 TO K
540 Y(J,I)=M(R+J,M+1+I)
550 NEXT J
560 NEXT I
570 :
580 PRINT"LOESUNGSVEKTOR:"
590 FOR J=1 TO N
600 PRINT X(J);
610 NEXT J:PRINT
620 IF K=0 THEN 690
630 PRINT"PARAMETERTEIL"
640 FOR J=1 TO K
650 FOR I=1 TO N
660 PRINT Y(J,I);
670 NEXT I:PRINT
680 NEXT J
690 PRINT: PRINT" D=";D
700 END
710 :
720 DATA 5,5
730 DATA 0,0,0,3,0
740 DATA 0,0,0,0,1
750 DATA -1,2,0,0,0
760 DATA -2,0,1,0,0
770 DATA -8,3,2,4,1
780 :
790 DATA 1,6,0,0,0
READY.


GANZZAHLIGES  GLEICH.SYSTEM

LOESUNGSVEKTOR:
 44   22   88    5   90


 D=15
```

3.4 Komplexes Gleichungssystem

Ein lineares komplexes Gleichungssystem

$$Cz = d$$

mit

$$z = x + iy, \, d = a + ib, \, C = A + iB$$

kann auf ein reelles Gleichungssystem der Form

$$\left(\begin{array}{c|c} A & -B \\ \hline B & A \end{array}\right)\begin{pmatrix} x \\ y \end{pmatrix} = \begin{pmatrix} a \\ b \end{pmatrix}$$

zurückgeführt werden.

Setzt man in dem Gleichungssystem

$$(5 + 3i)\,z_1 + (7 - 2i)\,z_2 = 6 - \quad i$$
$$(4 - 2i)\,z_1 + (3 + \quad i)\,z_2 = 1 + 2i$$

$z_1 = x_1 + iy_1$ und $z_2 = x_2 + iy_2$ ein, so erhält man

$$5x_1 + 3ix_1 + 5iy_1 - 3y_1 + 7x_2 + 7iy_2 - 2ix_2 + 2y_2 = 6 - \quad i$$
$$4x_1 - 2ix_1 + 4iy_1 + 2y_1 + 3x_2 + 3iy_2 + \quad ix_2 - \quad y_2 = 1 + 2i.$$

Trennung der Real- und Imaginärteile liefert

$$5x_1 + 7x_2 - 3y_1 + 2y_2 = \quad 6$$
$$4x_1 + 3x_2 + 2y_1 - \quad y_2 = \quad 1$$
$$3x_1 - 2x_2 + 5y_1 + 7y_2 = -1$$
$$-2x_1 + \quad x_2 + 4y_1 + 3y_2 = \quad 2$$

oder in Matrixform

$$\left(\begin{array}{cc|cc} 5 & 7 & -3 & 2 \\ 4 & 3 & 2 & -1 \\ \hline 3 & -2 & 5 & 7 \\ -2 & 1 & 4 & 3 \end{array}\right) \begin{pmatrix} x_1 \\ x_2 \\ y_1 \\ y_2 \end{pmatrix} = \begin{pmatrix} 6 \\ 1 \\ -1 \\ 2 \end{pmatrix}.$$

Die Vermeidung der komplexen Arithmetik wird erkauft durch Verdoppelung des Gleichungssystems. Dieses System wird im Programm mit Hilfe des Gaußschen Eliminationsverfahren gelöst.

Als Programmbeispiel wird das komplexe Gleichungssystem

$$(3 + 7i)\,z_1 + (-2 + 4i)\,z_2 + (1 - 3i)\,z_3 + (4 + 2i)\,z_4 = 8 + 36i$$
$$(5 - 6i)\,z_1 \qquad\qquad\quad + (2 + 5i)\,z_3 + (-3 + i)\,z_4 = 4 + 10i$$
$$(4 + 5i)\,z_1 + \quad (1 + 2i)\,z_2 + (-5 - i)\,z_3 + (6) \qquad z_4 = 13 - 3i$$
$$(2 + 4i)\,z_1 + \quad (1 - \quad i)\,z_2 \qquad\qquad\quad + (2 - 3i)\,z_4 = -10 + 6i$$

behandelt.

```
5000 REM PROZEDUR KOMPLEXES GLEICHUNGSSYSTEM
5010 REM ........................................
5020 REM EINGANGSPARAMETER.......................
5030 REM ..............N ZAHL DER GLEICHUNGEN
5040 REM ..............A(N,N+1) REALTEIL DER GLEICH.MATRIX
5050 REM ..............B(N,N+1) IMAGINAERTEIL......
5060 REM ........................................
5070 REM AUSGANGSPARAMETER.......................
5080 REM ..............X(2*N) LOESUNGSVEKTOR......
5090 REM VERWENDETE PARAMETER.....................
5100 REM I,J,K,L,M,S,T...........................
5110 :
5120 FOR I=1 TO N
5130 A(I,2*N+1)=A(I,N+1)
5140 NEXT I
5150 FOR I=N+1 TO 2*N
5160 A(I,2*N+1)=B(I-N,N+1)
5170 NEXT I
5180 FOR I=N+1 TO 2*N
5190 FOR J=1 TO N
5200 A(I,J)=B(I-N,J)
5210 NEXT J
5220 NEXT I
5230 FOR I=1 TO N
5240 FOR J=N+1 TO 2*N
5250 A(I,J)=-B(I,J-N)
5260 NEXT J
5270 NEXT I
5280 FOR I=N+1 TO 2*N
5290 FOR J=N+1 TO 2*N
5300 A(I,J)=A(I-N,J-N)
5310 NEXT J
5320 NEXT I
5330 :
5340 REM GAUSS-ELIMINATION
5350 M=2*N
5360 FOR K=1 TO M-1
5370 S=0
5380 FOR I=K TO M
5390 T=ABS(A(I,K))
5400 IF S>T THEN 5420
5410 S=T:L=I
5420 NEXT I
5430 FOR J=K TO M+1
5440 S=A(K,J):A(K,J)=A(L,J):A(L,J)=S
5450 NEXT J
5460 IF ABS(A(K,K)/A(1,1))>1E-8 THEN 5480
5470 PRINT"MATRIX SINGULAER":END
5480 FOR I=K+1 TO M
5490 S=A(I,K)/A(K,K):A(I,K)=0
5500 FOR J=K+1 TO M+1
5510 A(I,J)=A(I,J)-S*A(K,J)
5520 NEXT J
```

```
5530 NEXT I
5540 NEXT K
5550 :
5560 REM RUECKWAERTSEINSETZEN
5570 X(M)=A(M,M+1)/A(M,M)
5580 FOR I=M-1 TO 1 STEP -1
5590 S=A(I,M+1)
5600 FOR J=I+1 TO M
5610 S=S-A(I,J)*X(J)
5620 NEXT J
5630 X(I)=S/A(I,I)
5640 NEXT I
5650 RETURN
READY.


100 REM AUFRUF PROZEDUR KOMPLEXES GLEICHUNGSSYSTEM
110 :
120 READ N
130 DIM A(2*N,2*N+1),B(N,N+1),X(2*N)
140 REM REALTEIL EINLESEN
150 FOR I=1 TO N
160 FOR J=1 TO N+1
170 READ A(I,J)
180 NEXT J
190 NEXT I
200 :
210 REM IMAGINAERTEIL EINLESEN
220 FOR I=1 TO N
230 FOR J=1 TO N+1
240 READ B(I,J)
250 NEXT J                                370 DATA 4
260 NEXT I                                380 DATA 3,-2,1,4,8
270 GOSUB 5000                            390 DATA 5,0,2,-3,4
280 :                                     400 DATA 4,1,-5,6,13
290 PRINT"LOESUNGSVEKTOR":PRINT           410 DATA 2,1,0,2,-10
300 FOR I=1 TO N                          420 :
310 IF X(I+N)<0 THEN 330                  430 DATA 7,4,-3,2,36
320 PRINT X(I);"+I*"X(I+N):GOTO 340       440 DATA -6,0,5,1,10
330 PRINT X(I);"-I*"ABS(X(I+N))           450 DATA 5,2,-1,0,-3
340 NEXT I                                460 DATA 4,-1,0,-3,6
350 END
360 :                                     READY.


KOMPLEXES  GLEICHUNGSSYSTEM


LOESUNGSVEKTOR

 2 +I* 3
 1 -I* 2.00000001
-1 +I* 4
 1 -I* .999999996
```

Gibt man Real- und Imaginärteil getrennt in Form von DATA-Werten ein, so erhält man den Lösungsvektor

$$z = \begin{pmatrix} 2 + 3i \\ 1 - 2i \\ -1 + 4i \\ 1 - i \end{pmatrix}.$$

Das Programm ist wieder in Unterprogramm-Technik geschrieben. Das Unterprogramm ab Zeile 5000 wird bei Programm 39 (Elektrische Netzwerke) benötigt.

4 Geometrie

4.1 Rotationsmatrix

Wird ein räumliches kartesisches Koordinatensystem um die z-Achse gedreht, so folgt die zugehörige Koordinatentransformation durch Multiplikation mit der Rotationsmatrix

$$\mathbf{D}_3 = \begin{pmatrix} \cos\gamma & \sin\gamma & 0 \\ -\sin\gamma & \cos\gamma & 0 \\ 0 & 0 & 1 \end{pmatrix}.$$

Entsprechend stellen die Matrizen

$$\mathbf{D}_1 = \begin{pmatrix} 1 & 0 & 0 \\ 0 & \cos\alpha & -\sin\alpha \\ 0 & \sin\alpha & \cos\alpha \end{pmatrix}$$

$$\mathbf{D}_2 = \begin{pmatrix} \cos\beta & 0 & \sin\beta \\ 0 & 1 & 0 \\ -\sin\beta & 0 & \cos\beta \end{pmatrix}$$

Drehungen um die x- bzw. y-Achse dar. Das Produkt dieser Drehmatrizen

$$\begin{pmatrix} \cos\beta\cos\gamma & -\cos\beta\sin\gamma & \sin\beta \\ \cos\alpha\sin\gamma + \sin\alpha\sin\beta\cos\gamma & \cos\alpha\cos\gamma - \sin\alpha\sin\beta\sin\gamma & -\sin\alpha\cos\beta \\ \sin\alpha\sin\gamma - \cos\alpha\sin\beta\cos\gamma & \sin\alpha\cos\gamma + \cos\alpha\sin\beta\sin\gamma & \cos\alpha\cos\beta \end{pmatrix}$$

liefert die Transformation für eine Drehung um die Winkel α, β und γ, d.h. um die x-, y- und z-Achse.

Für Rotationsmatrizen gilt

$$\|\mathbf{D}_i\|_2 = 1 \quad i = 1, 2, 3$$

und

$$|\det(\mathbf{D}_i)| = 1.$$

Sie stellen daher orthogonale Matrizen dar und vermitteln eine längentreue Abbildung.

Rotationsmatrizen werden insbesondere in der Computergraphik benötigt. Führt man nach der Rotation noch eine Projektion auf die Bildschirmebene aus, so können beliebige 3-D-Graphiken erstellt werden. Viele Mikrocomputer besitzen bereits Graphik-Befehle wie DRAW, LINE usw., so daß die projizierten Körper direkt am Bildschirm dargestellt werden können.

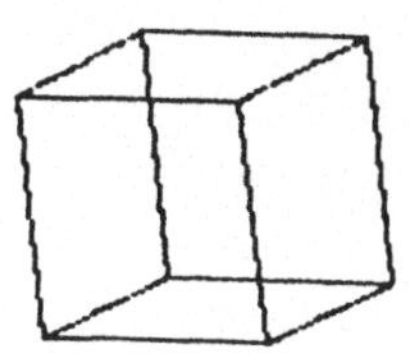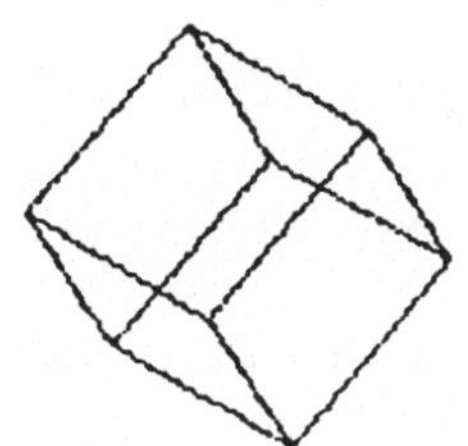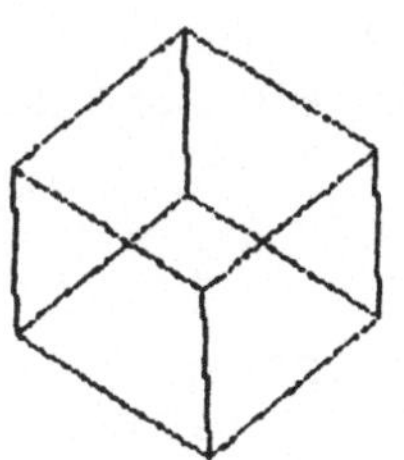

```
100 REM ROTATIONSMATRIX
110 :
120 READ N : REM ANZAHL DER PUNKTE
130 DIM X(N,3),Y(N,3),A(3,3)
140 :
150 REM EINLESEN DER ABZUBILDENDEN PUNKTE
160 FOR I=1 TO N
170 FOR J=1 TO 3
180 READ X(I,J)
190 NEXT J
200 NEXT I
210 :
220 INPUT"DREHWINKEL UM Z-ACHSE IN GRAD";C
230 INPUT"DREHWINKEL UM Y-ACHSE IN GRAD";B
240 INPUT"DREHWINKEL UM X-ACHSE IN GRAD";A
250 :
260 REM UMRECHNUNG INS BOGENMASS
270 DEF FNB(X)=X*π/180
280 A=FNB(A):B=FNB(B):C=FNB(C)
290 :
300 REM AUFSTELLEN DER ROTATIONSMATRIX
310 GOSUB 570
320 PRINT:PRINT"ROTATIONSMATRIX:"
330 FOR I=1 TO 3
340 FOR J=1 TO 3
350 PRINT TAB(12*J-10)A(I,J);
360 NEXT J:PRINT
370 NEXT I:PRINT
380 :
390 FOR I=1 TO N
400 FOR J=1 TO 3
410 S=0
420 FOR K=1 TO 3
430 S=S+A(J,K)*X(I,K)
440 NEXT K
450 Y(I,J)=S
460 NEXT J
470 NEXT I
480 :
490 PRINT"DIE KOORDINATEN NACH DREHUNG SIND:"
500 FOR I=1 TO N
```

```
510 FOR J=1 TO 3
520 PRINT TAB(12*J-10)Y(I,J);
530 NEXT J:PRINT
540 NEXT I
550 END
560 :
570 REM UNTERPROGRAMM AUFSTELLEN DER DREHMATRIX
580 S1=SIN(A):S2=SIN(B):S3=SIN(C)
590 C1=COS(A):C2=COS(B):C3=COS(C)
600 A(1,1)=C2*C3
610 A(1,2)=-C2*S3
620 A(1,3)=S2
630 A(2,1)=C1*S3+S1*S2*C3
640 A(2,2)=C1*C3-S1*S2*S3
650 A(2,3)=-S1*C3
660 A(3,1)=S1*S3-C1*S2*C3
670 A(3,2)=S1*C3+C1*S2*S3
680 A(3,3)=C1*C2
690 RETURN
700 :
710 REM WUERFELKOORDINATEN(INHOMOGEN)
720 DATA 8
730 DATA 2,2,0
740 DATA 2,2,3
750 DATA 2,5,0
760 DATA 2,5,3
770 DATA 5,2,0
780 DATA 5,2,3
790 DATA 5,5,0
800 DATA 5,5,3
READY.
```

```
ROTATIONSMATRIX

DREHWINKEL UM Z-ACHSE IN GRAD? 45
DREHWINKEL UM Y-ACHSE IN GRAD? 0
DREHWINKEL UM X-ACHSE IN GRAD? 0

ROTATIONSMATRIX:
    .707106781  -.707106781   0
    .707106781   .707106781   0
   0             0            1

DIE KOORDINATEN NACH DREHUNG SIND:
    1.39698386E-09   2.82842713   0
    1.39698386E-09   2.82842713   3
   -2.12132034       4.94974747   0
   -2.12132034       4.94974747   3
    2.12132035       4.94974747   0
    2.12132035       4.94974747   3
    3.25962901E-09   7.07106781   0
    3.25962901E-09   7.07106781   3
```

4.2 Projektionsmatrix

Projektionsabbildungen führt man meist in sogenannten homogenen Koordinaten aus, da man alle Abbildungen damit — auch die Verschiebungen — durch eine Matrixmultiplikation durchführen kann. Ein weiterer Vorteil ist, daß auch eine Parallelprojektion möglich ist; Projektionszentrum ist dabei der „unendlich ferne Punkt".

Gewöhnliche Koordinaten des $\mathbb{R}^3$ (nun inhomogen genannt) (a_1, a_2, a_3) gehen über in homogene (x_1, x_2, x_3, x_4) indem man setzt

$$a_1 = \frac{x_1}{x_4}, \quad a_2 = \frac{x_2}{x_4}, \quad a_3 = \frac{x_3}{x_4}.$$

Damit gilt

$$a_i = x_i \quad i = 1, 2, 3,$$

setzt man $x_4 = 1$. Endliche Punkte können also durch $x_4 = 1$ in homogenen Koordinaten gekennzeichnet werden. Wählt man dagegen $x_4 = 0$, so wachsen die Werte a_1, a_2, a_3 über alle Grenzen und liefern so den unendlichen fernen Punkt.

Multiplikation mit der Matrix

$$\begin{pmatrix} 1 & 0 & 0 & a_1 \\ 0 & 1 & 0 & a_2 \\ 0 & 0 & 1 & a_3 \\ 0 & 0 & 0 & 1 \end{pmatrix}$$

liefert die Verschiebung um den Vektor $(a_1, a_2, a_3)^T$. Dies sieht man an

$$\begin{pmatrix} 1 & 0 & 0 & a_1 \\ 0 & 1 & 0 & a_2 \\ 0 & 0 & 1 & a_3 \\ 0 & 0 & 0 & 1 \end{pmatrix} \cdot \begin{pmatrix} x_1 \\ x_2 \\ x_3 \\ 1 \end{pmatrix} = \begin{pmatrix} x_1 + a_1 \\ x_2 + a_2 \\ x_3 + a_3 \\ 1 \end{pmatrix} .$$

Drehungen werden mittels Rotationsmatrizen z.B.

$$\begin{pmatrix} \cos\gamma & \sin\gamma & 0 & 0 \\ -\sin\gamma & \cos\gamma & 0 & 0 \\ 0 & 0 & 1 & 0 \\ 0 & 0 & 0 & 1 \end{pmatrix}$$

— hier um die x_3-Achse — durchgeführt.

Spiegelungen erhält man z.B. an der $x_1 x_2$-Ebene durch

$$\begin{pmatrix} 1 & 0 & 0 & 0 \\ 0 & 1 & 0 & 0 \\ 0 & 0 & -1 & 0 \\ 0 & 0 & 0 & 1 \end{pmatrix} .$$

Soll vom Projektionszentrum $D(d_1 \,|\, d_2 \,|\, d_3 \,|\, d_4)$ auf die Ebene

$$u_1 x_2 + u_2 x_2 + u_3 x_3 + u_4 x_4 = 0$$

projiziert werden, so müssen die Koordinaten des Punktes mit der Projektionsmatrix

$$\begin{pmatrix} u_1 d_1 - R & u_2 d_1 & u_3 d_1 & u_4 d_1 \\ u_1 d_2 & u_2 d_2 - R & u_3 d_2 & u_4 d_2 \\ u_1 d_3 & u_2 d_3 & u_3 d_3 - R & u_4 d_3 \\ u_1 d_4 & u_2 d_4 & u_3 d_4 & u_4 d_4 - R \end{pmatrix}$$

multipliziert werden. Dabei ist $R = u \cdot d^T$ das Skalarprodukt der Vektoren u und d [4].

Im Programm sind die zu projizierenden Punkte mit ihren homogenen Koordinaten einzugeben. Hat der verwendete Computer einen Graphikbefehlssatz, so können die projizierten Punkte sofort am Bildschirm dargestellt werden. Soll der Körper am Bildschirm gedreht werden, so müssen seine Koordinaten zuvor mit der entsprechenden Rotationsmatrix multipliziert werden.

Ein Beispiel einer solchen Computergraphik ist beigefügt. Als Programmbeispiel soll ein Würfel mit den Koordinaten

$$(2\,|\,2\,|\,0)$$
$$(2\,|\,2\,|\,3)$$
$$(2\,|\,5\,|\,0)$$
$$(2\,|\,5\,|\,3)$$
$$(5\,|\,2\,|\,0)$$
$$(5\,|\,2\,|\,3)$$
$$(5\,|\,5\,|\,0)$$
$$(5\,|\,5\,|\,3)$$

vom Punkt $D(9\,|\,3\,|\,0)$ auf die Ebene

$$x_1 = 1 \text{ (inhomogen) bzw. } -x_1 + x_4 = 0 \text{ (homogen)}$$

projiziert werden. Das Skalarprodukt aus Projektions- und Ebenenkoordinaten ist

$$R = d \cdot u^T = \begin{pmatrix} 9 \\ 3 \\ 0 \\ 1 \end{pmatrix} \cdot (-1, 0, 0, 1) = -8.$$

Die zugehörige Projektionsmatrix lautet

$$\begin{pmatrix} -1 & 0 & 0 & 9 \\ -3 & 8 & 0 & 3 \\ 0 & 0 & 8 & 0 \\ -1 & 0 & 0 & 9 \end{pmatrix}.$$

Die Bildkoordinaten des Würfels können dem Programmausdruck entnommen werden.

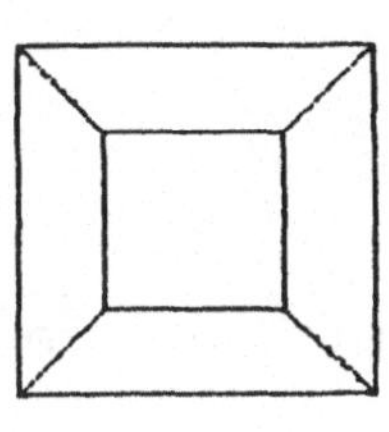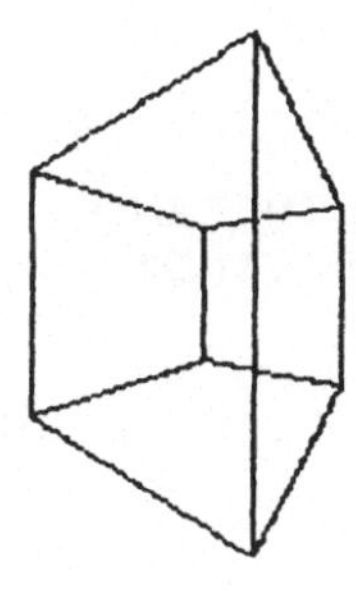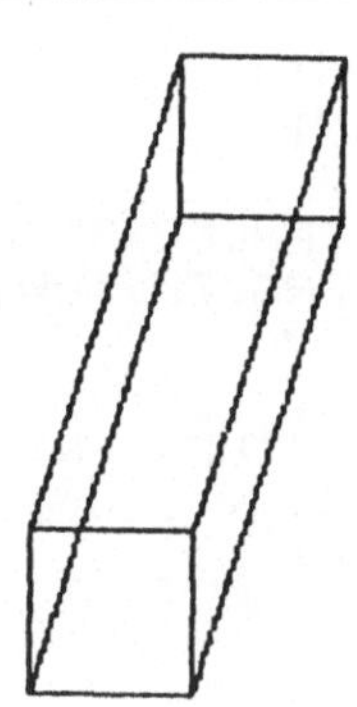

```
100 REM PROJEKTIONSMATRIX
110 :
120 READ N: REM ANZAHL DER PUNKTE
130 DIM A(4,4),X(N,4),Y(N,4),U(4)
140 :
150 REM PROJEKTIONSZENTRUM IN HOMOGENEN KOORDINATEN
160 FOR I=1 TO 4
170 READ D(I)
180 NEXT I
190 :
200 REM PROJEKTIONSEBENE IN HOMOGENEN KOORDINATEN
210 FOR I=1 TO 4
220 READ U(I)
230 NEXT I
240 :
250 REM EINLESEN DER HOMOGENEN PUNKTKOORDINATEN
260 FOR I=1 TO N
270 FOR J=1 TO 4
280 READ X(I,J)
290 NEXT J
300 NEXT I
310 :
320 REM PROJEKTIONSMATRIX
330 R=0
340 FOR I=1 TO 4
350 R=R+U(I)*D(I)
360 NEXT I
370 FOR I=1 TO 4
380 FOR J=1 TO 4
390 A(I,J)=U(J)*D(I)
400 NEXT J
410 NEXT I
420 FOR I=1 TO 4
430 A(I,I)=A(I,I)-R
440 NEXT I
450 :
460 REM PROJEKTION
470 FOR K=1 TO N
480 FOR I=1 TO 4
490 S=0
500 FOR J=1 TO 4
510 S=S+A(I,J)*X(K,J)
520 NEXT J
530 Y(K,I)=S
540 NEXT I
550 NEXT K
560 :
570 PRINT"PROJEKTIONSMATRIX:"
580 FOR I=1 TO 4
590 FOR J=1 TO 4
600 PRINT A(I,J);
```

```
610 NEXT J:PRINT
620 NEXT I:PRINT
630 :
640 PRINT"DIE INHOMOGENEN KOORDINATEN"
650 PRINT"DER PROJEKTIONSPUNKTE SIND:"
660 FOR I=1 TO N
670 FOR J=1 TO 3
680 IF Y(I,4)=0 THEN PRINT"UNENDLICH FERNER PUNKT":GOTO 700
690 PRINT Y(I,J)/Y(I,4);
700 NEXT J:PRINT
710 NEXT I
720 END
730 :
740 DATA 8
750 DATA 9,3,0,1
760 DATA -1,0,0,1
770 :
780 DATA 2,2,0,1
790 DATA 2,2,3,1
800 DATA 2,5,0,1
810 DATA 2,5,3,1
820 DATA 5,2,0,1
830 DATA 5,2,3,1
840 DATA 5,5,0,1
850 DATA 5,5,3,1
READY.
```

PROJEKTIONSMATRIX

```
PROJEKTIONSMATRIX:
-1   0   0   9
-3   8   0   3
 0   0   8   0
-1   0   0   9

DIE INHOMOGENEN KOORDINATEN
DER PROJEKTIONSPUNKTE SIND:
 1   1.85714286   0
 1   1.85714286   3.42857143
 1   5.28571429   0
 1   5.28571429   3.42857143
 1   1            0
 1   1            6
 1   7            0
 1   7            6
```

5 Algebra

5.1 Relationsmatrix

Sind A und B nichtleere Mengen, so heißt

$$R \subset A \times B$$

eine zweistellige Relation. Verbindet man alle in Relation stehende Elemente durch gerichtete Pfeile, so erhält man den Relationsgraphen. Ein solcher gerichteter Graph ist der Gozinto-Graph von Abschnitt 13.2.

Ist R die Teilerrelation auf $\{1, 2, 3, 4\}^2$, so ergibt sich der Graph

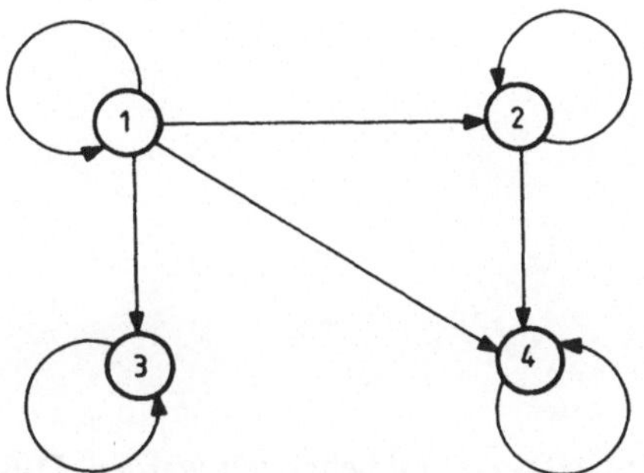

Jeder Relation läßt sich ebenfalls eine Relationsmatrix mit den Elementen

$$r_{ij} = \begin{cases} 1 & \text{für } (i, j) \in R \\ 0 & \text{für } (i, j) \notin R \end{cases}$$

zuordnen. Spezielle Relationsmatrizen sind

    Dominanzmatrizen (Abschnitt 10.1)
    Kommunikationsmatrizen (Abschnitt 10.2)
    Adjazenzmatrizen von Graphen (Abschnitt 8.1).

Für oben genannte Teilerrelation erhält man die Matrix

$$R = \begin{pmatrix} 1 & 1 & 1 & 1 \\ 0 & 1 & 0 & 1 \\ 0 & 0 & 1 & 0 \\ 0 & 0 & 0 & 1 \end{pmatrix}.$$

Die inverse Relation wird dargestellt durch die transponierte Matrix R^T.

Folgende Relationseigenschaften können mit Hilfe der Relationsmatrix ermittelt werden:

R ist symmetrisch, genau dann, wenn die Matrix **R** symmetrisch ist;
R ist reflexiv, wenn die Diagonale der Matrix nur Einsen enthält;
R ist transitiv, wenn für das Boolesche Produkt

$$\mathbf{R} \odot \mathbf{R} \leqslant \mathbf{R} \quad \text{gilt.}$$

Die Ungleichung ist elementweise zu verstehen. Für das Boolesche Produkt gelten folgende Multiplikationsregeln

$$0 \odot 1 = 0$$
$$1 \odot 0 = 0$$
$$0 \odot 0 = 0$$
$$1 \odot 1 = 1.$$

Diese Produkte erhält man auch aus der gewöhnlichen Matrizenmultiplikation, indem alle Produkte ungleich Null Eins gesetzt werden.

R heißt Äquivalenzrelation, wenn sie zugleich reflexiv, symmetrisch und transitiv ist. Diese drei Bedingungen können zusammengefaßt werden zu einer Bedingung

$$\mathbf{R} \odot \mathbf{R}^T = \mathbf{R}.$$

Die angegebene Teilerrelation ist wegen

$$\mathbf{R} \odot \mathbf{R}^T = \begin{pmatrix} 1 & 1 & 1 & 1 \\ 1 & 1 & 0 & 1 \\ 1 & 0 & 1 & 0 \\ 1 & 1 & 0 & 1 \end{pmatrix} \neq \mathbf{R}$$

keine Äquivalenzrelation.

Als weiteres Beispiel soll eine Verwandtschaftsrelation behandelt werden. Daß Verwandtschaftsverhältnisse nicht immer leicht zu durchschauen sind, beweist folgender Zeitungsbericht aus dem Jahr 1922 (zitiert nach [39]):

„Ich verheiratete mich mit einer Witwe, die eine erwachsene Tochter hatte. Mein Vater, der uns oft besuchte, verliebte sich in meine Stieftochter und heiratete sie; dadurch wurde mein Vater mein Schwiegersohn und meine Stieftochter meine Mutter. Einige Zeit darauf schenkte mir meine Frau einen Sohn, der der Schwager meines Vaters und mein Onkel wurde. Die Frau meines Vaters, meine Stieftochter, bekam auch einen Sohn. Dadurch erhielt ich einen Bruder und gleichzeitig einen Enkel. Meine Frau ist meine Großmutter, da sie ja die Mutter meiner Mutter ist. Ich bin also der Mann meiner Frau und gleichzeitig der Stiefenkel meiner Frau; mit anderen Worten, ich bin mein eigener Großvater."

Betrachtet werde eine Familie, die aus David (1), seinem Sohn Johannes (4) und seiner Tochter Gerda (2) besteht. Dazu gehören noch Johannes Frau Sylvia (5), die Söhne

Michael (8) und Richard (7), die Tochter Emilie (6) und Gerdas Sohn Bernhard (3). In der angegebenen Numerierung hat die Relation R_1 „ist Sohn von" die Matrix

$$R_1 = \begin{pmatrix} 0 & 0 & 0 & 0 & 0 & 0 & 0 & 0 \\ 0 & 0 & 0 & 0 & 0 & 0 & 0 & 0 \\ 0 & 1 & 0 & 0 & 0 & 0 & 0 & 0 \\ 1 & 0 & 0 & 0 & 0 & 0 & 0 & 0 \\ 0 & 0 & 0 & 0 & 0 & 0 & 0 & 0 \\ 0 & 0 & 0 & 0 & 0 & 0 & 0 & 0 \\ 0 & 0 & 0 & 1 & 1 & 0 & 0 & 0 \\ 0 & 0 & 0 & 1 & 1 & 0 & 0 & 0 \end{pmatrix}.$$

Entsprechend hat die Relation R_2 „ist Kind von" die Matrix

$$R_2 = \begin{pmatrix} 0 & 0 & 0 & 0 & 0 & 0 & 0 & 0 \\ 1 & 0 & 0 & 0 & 0 & 0 & 0 & 0 \\ 0 & 1 & 0 & 0 & 0 & 0 & 0 & 0 \\ 1 & 0 & 0 & 0 & 0 & 0 & 0 & 0 \\ 0 & 0 & 0 & 0 & 0 & 0 & 0 & 0 \\ 0 & 0 & 0 & 1 & 1 & 0 & 0 & 0 \\ 0 & 0 & 0 & 1 & 1 & 0 & 0 & 0 \\ 0 & 0 & 0 & 1 & 1 & 0 & 0 & 0 \end{pmatrix}.$$

Das Boolesche Produkt $R_1 \odot R_2$ liefert die Matrix der Relation „ist Enkel von"

$$R_1 \odot R_2 = \begin{pmatrix} 0 \\ 0 \\ 1 \\ 0 \\ 0 \\ 0 \\ 1 \\ 1 \end{pmatrix} \quad 0 \quad .$$

Als Ergebnis folgt, daß (3), (7) und (8) Enkel von (1) sind.

Das Programm berechnet das Boolesche Produkt zweier Relationsmatrizen, die in Form von DATA-Werten einzugeben sind. Der Programmausdruck zeigt das obengenannte Beispiel.

```
100 REM RELATIONSMATRIZEN
110 :
120 READ N,M:REM 1.RELATION
130 FOR I=1 TO N
140 FOR J=1 TO M
150 READ A(I,J)
160 NEXT J
170 NEXT I
180 :
```

```
190 READ P,Q:REM 2.RELATION
200 IF M<>P THEN PRINT"EINGABEFEHLER":END
210 FOR I=1 TO P
220 FOR J=1 TO Q
230 READ B(I,J)
240 NEXT J
250 NEXT I
260 :
270 PRINT"BOOLESCHES PRODUKT:"
280 FOR I=1 TO N
290 FOR J=1 TO N
300 S=0
310 FOR K=1 TO N
320 S=S+A(I,K)*B(K,J)
330 NEXT K
340 IF S=0 THEN C(I,J)=0:GOTO 360
350 C(I,J)=1
360 PRINTC(I,J);
370 NEXT J:PRINT
380 NEXT I
390 END
400 :
410 DATA 8,8
420 DATA 0,0,0,0,0,0,0,0
430 DATA 0,0,0,0,0,0,0,0
440 DATA 0,1,0,0,0,0,0,0
450 DATA 1,0,0,0,0,0,0,0
460 DATA 0,0,0,0,0,0,0,0
470 DATA 0,0,0,0,0,0,0,0
480 DATA 0,0,0,1,1,0,0,0
490 DATA 0,0,0,1,1,0,0,0
500 :
510 DATA 8,8
520 DATA 0,0,0,0,0,0,0,0
530 DATA 1,0,0,0,0,0,0,0
540 DATA 0,1,0,0,0,0,0,0
550 DATA 1,0,0,0,0,0,0,0
560 DATA 0,0,0,0,0,0,0,0
570 DATA 0,0,0,1,1,0,0,0
580 DATA 0,0,0,1,1,0,0,0
590 DATA 0,0,0,1,1,0,0,0
READY.
```

RELATIONSMATRIZEN

```
BOOLESCHES PRODUKT:
 0   0   0   0   0   0   0   0
 0   0   0   0   0   0   0   0
 1   0   0   0   0   0   0   0
 0   0   0   0   0   0   0   0
 0   0   0   0   0   0   0   0
 0   0   0   0   0   0   0   0
 1   0   0   0   0   0   0   0
 1   0   0   0   0   0   0   0
```

5.2 Permutationsmatrix

Quadratische Matrizen, die in jeder Zeile und Spalte genau eine Eins, sonst nur Nullen aufweisen, stellen Permutationsmatrizen dar. Permutationsmatrizen sind somit nichtnegativ und orthogonal.

So gilt z.B.

$$(x_1, x_2, x_3, x_4) \begin{pmatrix} 0 & 0 & 0 & 1 \\ 1 & 0 & 0 & 0 \\ 0 & 1 & 0 & 0 \\ 0 & 0 & 1 & 0 \end{pmatrix} = (x_2, x_3, x_4, x_1).$$

Die inverse Permutation ist durch die Transponierte $\mathbf{P}^T$ gegeben. Das Produkt zweier Permutationsmatrizen stellt wieder eine solche dar; als isomorphes Bild der Permutationsgruppe bildet die Menge der Permutationsmatrizen ebenfalls eine Gruppe der Ordnung n! Nach dem Satz von *Perron-Frobenius* haben alle Eigenwerte den Betrag 1; sie sind somit Einheitswurzeln.

Will man gleichzeitig Zeilen und Spalten vertauschen, so muß die Matrix von links mit $\mathbf{P}^T$ und von rechts mit $\mathbf{P}$ multipliziert werden.

Soll die Matrix

$$\mathbf{A} = \begin{pmatrix} 1 & 0 & 0 & 1 \\ 1 & 0 & 1 & 1 \\ 1 & 1 & 1 & 0 \\ 1 & 0 & 0 & 1 \end{pmatrix}$$

der Permutation

$$\begin{pmatrix} 1 & 2 & 3 & 4 \\ 1 & 3 & 4 & 2 \end{pmatrix}$$

unterworfen werden, so ergibt sich mit

$$\mathbf{P} = \begin{pmatrix} 1 & 0 & 0 & 0 \\ 0 & 0 & 1 & 0 \\ 0 & 0 & 0 & 1 \\ 0 & 1 & 0 & 0 \end{pmatrix}$$

und

$$\mathbf{P}^T = \begin{pmatrix} 1 & 0 & 0 & 0 \\ 0 & 0 & 0 & 1 \\ 0 & 1 & 0 & 0 \\ 0 & 0 & 1 & 0 \end{pmatrix}$$

die permutierte Matrix zu

$$\mathbf{P}^T\mathbf{A}\mathbf{P} = \left(\begin{array}{cc|cc} 1 & 1 & 0 & 0 \\ 1 & 1 & 0 & 0 \\ \hline 1 & 1 & 0 & 1 \\ 1 & 0 & 1 & 1 \end{array} \right).$$

Dies zeigt, daß **A** reduzibel ist.

Die Zustände von absorbierenden Markowketten werden im allgemeinen so umnumeriert, daß die absorbierenden Zustände die kleinsten Nummern tragen.

Als Programmbeispiel wird die in Programm 24 benötigte *Markowkette* der Geschwisterpaarung

$$\begin{pmatrix} 1 & 0 & 0 & 0 & 0 & 0 \\ 1/4 & 1/2 & 0 & 1/4 & 0 & 0 \\ 0 & 0 & 0 & 1 & 0 & 0 \\ 1/16 & 1/4 & 1/8 & 1/4 & 1/4 & 1/16 \\ 0 & 0 & 0 & 1/4 & 1/2 & 1/4 \\ 0 & 0 & 0 & 0 & 0 & 1 \end{pmatrix}$$

behandelt.

Da hier der 6. Zustand absorbierend ist, wird die Permutation

$$\begin{pmatrix} 1 & 2 & 3 & 4 & 5 & 6 \\ 1 & 6 & 2 & 3 & 4 & 5 \end{pmatrix}$$

ausgeführt. Das Ergebnis kann dem Programmausdruck entnommen werden.

Die zu permutierende Matrix und die Neunumerierung wird im Programm in Form von DATA-Werten eingelesen.

```
100 REM PERMUTATIONSMATRIX
110 :
120 READ N:REM ORDNUNG
130 DIM A(N,N),B(N,N),P(N,N),R(N)
140 :
150 FOR I=1 TO N
160 FOR J=1 TO N
170 READ A(I,J)
180 NEXT J
190 NEXT I
200 :
210 PRINT"PERMUTATION:"
220 FOR I=1 TO N
230 READ R(I)
240 PRINT I;"<-->";R(I)
250 NEXT I:PRINT
260 :
270 REM AUFSTELLEN D.PERMUTATIONSMATRIX
280 FOR I=1 TO N
290 FOR J=1 TO N
300 P(I,J)=0
310 NEXT J
320 NEXT I
330 FOR I=1 TO N
340 P(R(I),I)=1
350 NEXT I
360 :
370 REM MULTIPLIKATION VON LINKS
380 FOR I=1 TO N
390 FOR J=1 TO N
```

```
400 S=0
410 FOR K=1 TO N
420 S=S+P(K,I)*A(K,J)
430 NEXT K
440 B(I,J)=S
450 NEXT J
460 NEXT I
470 :
480 REM MULTIPLIKATION VON RECHTS
490 PRINT"PERMUTIERTE MATRIX:"
500 FOR I=1 TO N
510 FOR J=1 TO N
520 S=0
530 FOR K=1 TO N
540 S=S+B(I,K)*P(K,J)
550 NEXT K
560 A(I,J)=S
570 PRINT A(I,J);
580 NEXT J:PRINT
590 NEXT I
600 :
610 DATA 6
620 DATA 1,0,0,0,0,0
630 DATA .25,.5,0,.25,0,0
640 DATA 0,0,0,1,0,0
650 DATA .0625,.25,.125,.25,.25,.0625
660 DATA 0,0,0,.25,.5,.25
670 DATA 0,0,0,0,0,1
680 :
690 DATA 1,6,2,3,4,5
READY.
```

PERMUTATIONSMATRIX

```
PERMUTATION:
 1 <--> 1
 2 <--> 6
 3 <--> 2
 4 <--> 3
 5 <--> 4
 6 <--> 5

PERMUTIERTE MATRIX:
 1      0       0      0       0      0
 0      1       0      0       0      0
 .25    0       .5     0       .25    0
 0      0       0      0       1      0
 .0625  .0625   .25    .125    .25    .25
 0      .25     0      0       .25    .5
```

6 Wahrscheinlichkeitsrechnung - Statistik

6.1 Bayes-Matrix

Eine Signalquelle gebe zu jedem Sendezeitpunkt das Zeichen $A_i (1 \leqslant i \leqslant 4)$ mit folgender Wahrscheinlichkeit ab

$$\begin{pmatrix} A_1 & A_2 & A_3 & A_4 \\ \dfrac{1}{2} & \dfrac{1}{4} & \dfrac{1}{8} & \dfrac{1}{8} \end{pmatrix} \; .$$

Durch zufällige Kanalstörungen werden die Zeichen A_i in den Zeichenvorrat $B_j (1 \leqslant j \leqslant 7)$ geändert mit den Wahrscheinlichkeiten $p(B_j \mid A_i)$

$$\begin{array}{c} \\ A_1 \\ A_2 \\ A_3 \\ A_4 \end{array} \begin{array}{ccccccc} B_1 & B_2 & B_3 & B_4 & B_5 & B_6 & B_7 \\ \begin{pmatrix} 0.75 & 0.12 & 0.05 & 0.05 & 0.02 & 0.01 & 0 \\ 0.05 & 0.85 & 0.05 & 0.03 & 0.01 & 0 & 0.01 \\ 0.05 & 0.15 & 0.70 & 0.03 & 0 & 0.03 & 0.04 \\ 0 & 0.01 & 0.05 & 0.82 & 0.05 & 0.04 & 0.03 \end{pmatrix} \end{array} \; .$$

Aus der Formel

$$p(B_j) = \sum_{i=1}^{4} P(A_i) \, p(B_j \mid A_i)$$

für die totalen Wahrscheinlichkeiten, können die Auftretenswahrscheinlichkeiten der Zeichen B_j berechnet werden. Es gilt

$$\begin{pmatrix} B_1 & B_2 & B_3 & B_4 & B_5 & B_6 & B_7 \\ 0.39375 & 0.2925 & 0.13125 & 0.13875 & 0.01875 & 0.01375 & 0.01125 \end{pmatrix} \; .$$

In diesem Zusammenhang stellt sich die Frage, welches Zeichen A_i gesendet wurde, wenn das Symbol B_j empfangen wird.

Mit Hilfe der *Bayes-Formel* lassen sich die zugehörigen Wahrscheinlichkeiten bestimmen:

$$p(A_i \mid B_j) = \frac{p(A_i) \, p(B_j \mid A_i)}{p(B_j)} \; .$$

Die *Bayes-Matrix* der bedingten Wahrscheinlichkeiten $p(A_i \mid B_j)$ ergibt sich hier zu

$$\begin{pmatrix} 0.95238 & 0.03175 & 0.01587 & 0 \\ 0.20513 & 0.72650 & 0.06410 & 0.00427 \\ 0.19048 & 0.09524 & 0.66667 & 0.04762 \\ 0.18018 & 0.05405 & 0.02703 & 0.73874 \\ 0.53333 & 0.13333 & 0 & 0.33333 \\ 0.36364 & 0 & 0.27273 & 0.36364 \\ 0 & 0.22222 & 0.44444 & 0.33333 \end{pmatrix} \; .$$

Eine naheliegende Idee ist für die Decodierung von B_j

$$B_j \rightarrow A_k$$

dasjenige Element A_k zu wählen, für das die Wahrscheinlichkeit

$$p(B_i | A_k)$$

maximal ist. Dies nennt man die *Maximum-Likelihood-Decodierung*. Sie liefert folgende Decodierung:

$$B_1 \rightarrow A_1$$
$$B_2 \rightarrow A_2$$
$$B_3 \rightarrow A_3$$
$$B_4 \rightarrow A_4$$
$$B_5 \rightarrow A_4$$
$$B_6 \rightarrow A_4$$
$$B_7 \rightarrow A_3.$$

Eine andere Decodiermöglichkeit ist die sogenannte *Methode der maximalen Aposteriori-Wahrscheinlichkeit*. Hier wird B_j decodiert zu A_k, wenn gilt

$$p(A_k | B_j) = \max_i p(A_i | B_j).$$

Damit erhält man die Decodierung

$$B_1 \rightarrow A_1$$
$$B_2 \rightarrow A_2$$
$$B_3 \rightarrow A_3$$
$$B_4 \rightarrow A_4$$
$$B_5 \rightarrow A_1$$
$$B_6 \rightarrow A_1 \text{ oder } A_4$$
$$B_7 \rightarrow A_3.$$

Welche Methode hier besser ist, kann mit Hilfe des mittleren Decodierfehlers beantwortet werden. Eine Berechnungsformel dazu findet sich in [17].

```
100 REM BAYES-MATRIX
110 :
120 READ N : REM ZAHL DER EINGANGSZUSTAENDE A(I)
130 READ M : REM ZAHL DER AUSGANGSZUSTAENDE B(I)
140 DIM P(N,M),Q(M,N),A(N),B(M),M(M)
150 :
160 REM EINLESEN D.WAHRSCHEINL.FUER A(I)
170 S=0
180 FOR I=1 TO N
190 READ A(I)
200 S=S+A(I)
210 NEXT I
220 IF ABS(S-1)>1E-6 THEN PRINT"WAHRSCHEINLICHK.<>1":END
230 :
```

```
240 REM EINLESEN D.BEDINGT.WAHRSCHEINL.P(B(I)/A(I))
250 FOR I=1 TO N
260 S=0
270 FOR J=1 TO M
280 READ P(I,J):S=S+P(I,J)
290 NEXT J
300 IF ABS(S-1)>1E-6 THEN PRINT I;".ZEILENSUMME<>1":END
310 NEXT I
320 :
330 REM TOTALE WAHRSCHEINLICHKEITEN B(I)
340 FOR J=1 TO M
350 S=0
360 FOR I=1 TO N
370 S=S+P(I,J)*A(I)
380 NEXT I
390 B(J)=S
400 NEXT J
410 :
420 REM BEDINGTE WAHRSCHEINL.P(A(I)/B(I)NACH BAYES
430 FOR I=1 TO N
440 FOR J=1 TO M
450 Q(J,I)=P(I,J)*A(I)/B(J)
460 NEXT J
470 NEXT I
480 :
490 REM SPALTENMAXIMA FUER MAXIMUM-LIKELIHOOD
500 FOR J=1 TO M
510 MX=0
520 FOR I=1 TO N
530 IF P(I,J)>MX THEN MX=P(I,J):M(J)=I
540 NEXT I
550 NEXT J
560 :
570 DEF FNR(X)=INT(1E5*X+.5)/1E5
580 PRINT"TOTALE WAHRSCHEINLICHKEITEN:"
590 FOR I=1 TO M
600 PRINT FNR(B(I));
610 NEXT I:PRINT:PRINT
620 :
630 PRINT"MATRIX DER BED.WAHRSCHEINL.P(A(I)/B(I))"
640 FOR I=1 TO M
650 FOR J=1 TO N
660 PRINT FNR(Q(I,J));
670 NEXT J:PRINT
680 NEXT I:PRINT
690 :
700 PRINT"ZUORDNUNG DER EREIGNISSE"
710 PRINT"NACH DEM MAXIMUM-LIKELIHOOD-PRINZIP:"
720 FOR I=1 TO M
730 PRINT"B(";I;") --> A(";M(I);")"
740 NEXT I
750 END
760 :
```

```
770 DATA 4,7
780 DATA .5,.25,.125,.125
790 :
800 DATA .75,.12,.05,.05,.02,.01,0
810 DATA .05,.85,.05,.03,.01,0,.01
820 DATA .05,.15,.7,.03,0,.03,.04
830 DATA 0,.01,.05,.82,.05,.04,.03
READY.
```

BAYES-MATRIX

```
TOTALE WAHRSCHEINLICHKEITEN:
 .39375   .2925   .13125   .13875   .01875   .01375   .01125


MATRIX DER BED.WAHRSCHEINL.P(A(I)/B(I))
 .95238   .03175   .01587   0
 .20513   .7265    .0641    4.27E-03
 .19048   .09524   .66667   .04762
 .18018   .05405   .02703   .73874
 .53333   .13333   0        .33333
 .36364   0        .27273   .36364
 0        .22222   .44444   .33333


ZUORDNUNG DER EREIGNISSE
NACH DEM MAXIMUM-LIKELIHOOD-PRINZIP:
B( 1 ) --> A( 1 )
B( 2 ) --> A( 2 )
B( 3 ) --> A( 3 )
B( 4 ) --> A( 4 )
B( 5 ) --> A( 4 )
B( 6 ) --> A( 4 )
B( 7 ) --> A( 3 )
```

6.2 Kovarianz- und Korrelationsmatrix

Für eine Stichprobe

$$x_1, x_2, x_3, \ldots, x_n$$

vom Umfang n ist durch

$$\bar{x} = \frac{1}{n-1} \sum_{i=1}^{n} x_i \quad \text{der } \textit{Mittelwert}$$

und durch

$$s_x^2 = \frac{1}{n-1} \sum_{i=1}^{n} (x_i - \bar{x})^2 \quad \text{die } \textit{Varianz}$$

der Stichprobe erklärt. Die Quadratwurzel der Varianz heißt Streuung oder *Standardabweichung* der Stichprobe. Für eine zweidimensionale Stichprobe

$$(x_1, y_1), (x_2, y_2), \ldots, (x_n, y_n)$$

sind Mittelwert und Varianz der Merkmale X und Y wie oben definiert. Zusätzlich aber wird noch

$$s_{xy} = \frac{1}{n-1} \sum_{i=1}^{n} (x_i - \overline{x})(y_i - \overline{y}) \quad \text{die } \textit{Kovarianz} \text{ von X und Y}$$

und der Korrelationskoeffizient

$$r = \frac{s_{xy}}{s_x s_y}$$

betrachtet. Es gilt stets

$$|r| \leqslant 1.$$

Der Korrelationskoeffizient zweier Stichprobenvariablen ist ein Maß für die stochastische Abhängigkeit der Merkmale:

$$\left.\begin{array}{l} |r| = 1 \\ r = 0 \end{array}\right\} \text{ bedeutet } \left\{\begin{array}{l} \text{stochastische Abhängigkeit} \\ \text{stochastische Unabhängigkeit.} \end{array}\right.$$

Sei v_{ik} $(i = 1, 2, \ldots, n; k = 1, 2, \ldots, m)$ eine m-dimensionale Stichprobe vom Umfang n. Bei m Stichprobenvariablen lassen sich

$$\binom{m}{2} = \frac{1}{2} m (m - 1)$$

Kovarianzen und Korrelationskoeffizienten berechnen. Die Kovarianzen s_{ik} und Korrelationen r_{ik} zwischen dem i-ten bzw. k-ten Stichprobenmerkmal werden zur Kovarianz- bzw. Korrelationsmatrix zusammen gefaßt.

Wegen

$$s_{ik} = s_{ki} \quad \text{und} \quad r_{ik} = r_{ki}$$

sind beide Matrizen symmetrisch. In die Diagonale der Kovarianzmatrix werden die Varianzen der Stichprobenvariablen gesetzt. Analog stehen in der Diagonale der Korrelationsmatrix Einsen, da jede Stichprobenvariable von sich selbst stochastisch abhängig ist.

Die Elemente der Kovarianzmatrix haben daher die Gestalt

$$s_{ik} = \frac{1}{n(n-1)} \sum_{j=1}^{m} (v_{ij} - \overline{v}_i)(v_{kj} - \overline{v}_k),$$

dabei ist v_{ij} der i-te Stichprobenwert der k-ten Stichprobenvariablen. Entsprechend ergeben sich die Elemente der Korrelationsmatrix

$$r_{ik} = \frac{s_{ik}}{\sqrt{s_{ii} s_{kk}}}.$$

Die Varianz- und Korrelationsmatrix werden insbesondere benötigt für die multivariable Varianz- und Korrelationsanalyse.

Als numerisches Beispiel wird die Entwicklung des Bruttosozialprodukts, der Spareinlagen und des Primärenergieverbrauchs in den Jahren 1976–1981 betrachtet:

Jahr	Bruttosozialprodukt in Mrd. DM	Spareinlagen in Mrd. DM	Primärenergieverbrauch in Mio. t SKE
1976	1125	388,7	370,3
1977	1201	413,3	372,3
1978	1291	441,5	389,0
1979	1398	454,8	408,2
1980	1492	463,6	390,2
1981	1552	463,1	374,1

(zitiert nach: Leistung in Zahlen '81 des Bundeswirtschaftsministeriums).

Das Programm liefert die Korrelationsmatrix

$$\mathbf{R} = \begin{pmatrix} 1 & 0{,}9484 & 0{,}3743 \\ 0{,}9484 & 1 & 0{,}5837 \\ 0{,}3743 & 0{,}5837 & 1 \end{pmatrix}.$$

Wie zu erwarten war, zeigt sich eine hohe Korrelation von 94,8 % zwischen Bruttosozialprodukt und Spareinlagen. Zu beachten ist allerdings, daß diese Korrelation auch die gemeinsame Abhängigkeit der beiden Größen vom Inflationsindex widerspiegelt. Klein dagegen mit 37,4 % ist die Korrelation zwischen Bruttosozialprodukt und Primärenergieverbrauch. Eine Steigerung des Bruttosozialprodukts hat also nicht notwendig ein proportionales Anwachsen des Energieverbrauchs zur Folge, wie es noch vor wenigen Jahren den Anschein hatte.

```
100 REM KOVARIANZ- UND KORRELATIONSMATRIX
110 :
120 READ N  : REM ANZAHL DER GROESSEN
130 READ M  : REM ANZAHL DER JEW.WERTE
140 DIM V(M,N),K(N,N),R(N,N)
150 :
160 REM EINLESEN DER WERTE
170 FOR I=1 TO M
180 FOR J=1 TO N
190 READ V(I,J)
200 NEXT J
210 NEXT I
220 :
230 REM MITTELWERTE
240 PRINT"MITTELWERTE UND STANDARDABWEICHUNG:"
250 FOR I=1 TO N
260 S=0:T=0
270 FOR J=1 TO M
280 S=S+V(J,I)
290 T=T+V(J,I)↑2
300 NEXT J
```

```
310 X(I)=S/M
320 S(I)=SQR((M*T-S↑2)/M↑2/(M-1))
330 PRINT INT(100*X(I)+.5)/100,INT(100*S(I)+.5)/100
340 NEXT I
350 :
360 REM KOVARIANZMATRIX
370 PRINT:PRINT"KOVARIANZMATRIX"
380 FOR I=1 TO N
390 FOR K=1 TO N
400 S=0
410 FOR J=1 TO M
420 S=S+(V(J,I)-X(I))*(V(J,K)-X(K))
430 NEXT J
440 K(I,K)=S/M/(M-1)
450 PRINT INT(100*K(I,K)+.5)/100;
460 NEXT K:PRINT
470 NEXT I
480 :
490 REM KORRELATIONSMATRIX
500 PRINT:PRINT"KORRELATIONSMATRIX"
510 FOR I=1 TO N
520 FOR J=1 TO N
530 R(I,J)=K(I,J)/SQR(K(I,I)*K(J,J))
540 PRINT INT(1E4*R(I,J)+.5)/1E4;
550 NEXT J:PRINT
560 NEXT I
570 END
580 :
590 DATA 3,6
600 DATA 1125,388.7,370.3
610 DATA 1201,413.3,372.3
620 DATA 1291,441.5,389.0
630 DATA 1398,454.8,408.2
640 DATA 1492,463.6,390.2
650 DATA 1552,463.1,374.1
READY.
```

KORRELATIONSMATRIX

```
MITTELWERTE UND STANDARDABWEICHUNG:
   1343.17      68.14
    437.5       12.41
    384.02       5.98

KOVARIANZMATRIX
   4643.29     801.92     152.46
    801.92     153.96      43.29
    152.46      43.29      35.72

KORRELATIONSMATRIX
  1          .9484    .3743
  .9484     1         .5837
  .3743     .5837    1
```

6.3 Reguläre Markowketten

Geht ein System mit endlich vielen Zuständen mit der Wahrscheinlichkeit p_{ij} vom Zustand i in den Zustand j ($1 \leqslant i, j \leqslant n$) über, unabhängig vom vorherigen Zustand, so heißt das System (homogene) *Markowkette*:

$$
\begin{array}{c}
 \quad \begin{array}{ccccc} 1 & 2 & 3 & . & n \end{array} \quad \text{Zustand nachher} \\
\begin{array}{cc} \text{vorheriger} & 1 \\ \text{Zustand} & 2 \\ & 3 \\ & . \\ & n \end{array}
\begin{pmatrix}
p_{11} & p_{12} & p_{13} & \cdots & p_{1n} \\
p_{21} & p_{22} & p_{23} & \cdots & p_{2n} \\
p_{31} & p_{32} & p_{33} & \cdots & p_{3n} \\
. & . & . & \cdots & . \\
p_{n1} & p_{n2} & p_{n3} & \cdots & p_{nn}
\end{pmatrix} .
\end{array}
$$

Diese Übergangsmatrix $\mathbf{P}$ stellt eine stochastische Matrix dar. Da jeder Zeilenvektor einen vollständigen Ereignisraum darstellt, sind alle Zeilensummen 1.

Befindet sich das System im Zustand $\mathbf{p}_i$, so ergibt sich der folgende Zustandsvektor durch Multiplikation mit der Übergangsmatrix

$$\mathbf{p}_{i+1} = \mathbf{P}\mathbf{p}_i.$$

Durch Rekursion folgt mit dem Anfangszustand $\mathbf{p}_0$

$$\mathbf{p}_{i+1} = \mathbf{P}^i \mathbf{p}_0 \quad i = 1, 2, \ldots .$$

Da die Multiplikation mit dem Vektor

$$\mathbf{e} = (1, 1, 1, \ldots, 1)^\mathrm{T}$$

gleichbedeutend ist mit der Zeilensummenbildung, folgt

$$\mathbf{P}\mathbf{e} = \mathbf{e},$$

d.h. 1 ist stets Eigenwert einer Markowkette.

Da die Zeilensummennorm $\| \ \|_1$ eine obere Schranke für den Betrag eines Eigenwerts ist, folgt

$$|\lambda| \leqslant 1.$$

Nach dem Satz von *Perron-Frobenius* folgt sogar, daß

$$\lambda_{max} = 1$$

für positive Matrizen dominant ist; d.h. alle anderen Eigenwerte haben den Betrag kleiner 1. Nichtnegative Matrizen können durchaus den mehrfachen Eigenwert 1 haben.

Da die Existenz der Grenzmatrix

$$\lim_{i \to \infty} \mathbf{P}^i = \mathbf{P}^\infty$$

von der Anzahl der Eigenwerte mit $|\lambda| = 1$ bestimmt wird, können Markowketten in drei Klassen eingeteilt werden:

(1) $\lambda = 1$ ist einziger und einfacher Eigenwert vom Betrag 1
(2) $\lambda = 1$ ist mehrfacher Eigenwert, jedoch einziger vom Betrag 1
(3) Außer $\lambda = 1$ gibt es noch andere Eigenwerte vom Betrag 1.

Im Fall (1) ist 1 dominanter Eigenwert mit dem Eigenraum

$$a(1, 1, 1, \ldots, 1)^T.$$

Wegen

$$pP^\infty = p$$

haben alle Spalten von P^∞ die Form $a(1, 1, \ldots, 1)^T$; d.h. die Zeilenvektoren stimmen überein. Jeder Zeilenvektor stellt den stationären Zustandsvektor dar. Die Markowkette heißt dann regulär. Eine Markowkette ist genau dann regulär, wenn die Übergangsmatrix oder eine Potenz davon positiv ist [12]. Der stationäre Zustandsvektor hängt nur von der Übergangsmatrix ab, nicht von einem speziellen Anfangszustandsvektor.

Im Fall (2) ist 1 ein mehrfacher Eigenwert. Da die Dimension des zugehörigen Eigenraums mindestens 2 ist, stimmen die Spaltenvektoren von P^∞ nicht mehr überein, die Grenzmatrix P^∞ existiert jedoch noch. Solche Markowketten heißen daher *ergodisch*. Zu beachten ist, daß die Bezeichnungsweise hier völlig uneinheitlich ist. Ergodisch sind insbesondere die Markowketten mit absorbierenden Zuständen; d.h. Zuständen, die nicht mehr verlassen werden können. Ihnen ist der nächste Abschnitt gewidmet.

Im Fall (3) existiert keine Grenzmatrix P^∞. Nur wenn die Anfangsverteilung zufällig der stationäre Vektor der Übergangsmatrix ist, ergibt sich eine Grenzverteilung. Ist die Übergangsmatrix

$$P = \begin{pmatrix} 0 & 1 & 0 \\ 0 & 0 & 1 \\ 1 & 0 & 0 \end{pmatrix}$$

so stellt der Anfangsvektor $p = (\frac{1}{3}, \frac{1}{3}, \frac{1}{3})^T$ wegen

$$Pp = p$$

eine Grenzverteilung dar. Für alle anderen Anfangsvektoren

$$p_0 = (a, b, 1 - a - b)$$

folgt

$$p_1 = \begin{pmatrix} 0 & 1 & 0 \\ 0 & 0 & 1 \\ 1 & 0 & 0 \end{pmatrix} \begin{pmatrix} a \\ b \\ 1 - a - b \end{pmatrix} = \begin{pmatrix} b \\ 1 - a - b \\ a \end{pmatrix}$$

$$p_2 = \begin{pmatrix} 0 & 1 & 0 \\ 0 & 0 & 1 \\ 1 & 0 & 0 \end{pmatrix} \begin{pmatrix} b \\ 1 - a - b \\ a \end{pmatrix} = \begin{pmatrix} 1 - a - b \\ a \\ b \end{pmatrix}$$

$$p_3 = \begin{pmatrix} 0 & 1 & 0 \\ 0 & 0 & 1 \\ 1 & 0 & 0 \end{pmatrix} \begin{pmatrix} 1 - a - b \\ a \\ b \end{pmatrix} = \begin{pmatrix} a \\ b \\ 1 - a - b \end{pmatrix} .$$

Man sieht, daß die Markowkette zyklisch zwischen den drei Zuständen p_1, p_2 und p_3 hin- und herschwankt. Der der Markowkette zugeordnete Graph ist

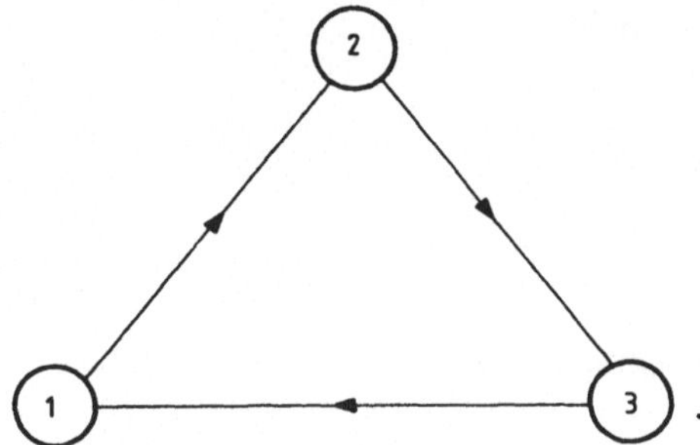

Ein Grenzzustand ergibt nur dann, wenn gilt

$$p_1 = p_2 = p_3$$

oder

$$a = b = 1 - a - b = \frac{1}{3}.$$

Das Programm berechnet den stationären Zustand einer regulären Markowkette nicht über die Grenzmatrix $\mathbf{P}^\infty$, sondern über die Eigenwertgleichung

$$\mathbf{P}\mathbf{p} = \mathbf{p}$$

bzw. über das homogene Gleichungssystem

$$(\mathbf{P} - \mathbf{E})\,\mathbf{p} = \mathbf{0}.$$

Da 1 ein Eigenwert ist, ist $\mathbf{P} - \mathbf{E}$ singulär, und das homogene System hat somit eine Parameterlösung. Von dieser Parameterlösung sind aber nur diejenigen Werte zulässig, die einen Wahrscheinlichkeitsvektor liefern. Eine solche Lösung kann man jedoch noch einfacher erhalten. Da 1 nach Voraussetzung einfacher Eigenwert ist, ist die Matrix $\mathbf{P} - \mathbf{E}$ nichtsingulär, wenn eine Zeile durch eine von den anderen linear unabhängigen Zeilen ersetzt wird. Eine solche Zeile liefert z. B. die Normierungsbedingung

$$p_1 + p_2 + p_3 + \ldots + p_n = 1.$$

Da nunmehr die rechte Seite des Gleichungssystems nicht mehr verschwindet, hat man ein inhomogenes System mit nichtsingulärer Matrix erhalten, das mit Hilfe des Gaußschen Eliminationsverfahrens gelöst werden kann. Dieses Programm Nr. 10 wird ab Zeile 6000 als Unterprogramm benutzt.

Als Beispiel soll eine Markowkette aus dem Bereich der Soziologie behandelt werden. In einer Studie über die Intermobilität von 5 Schichten der Arbeiterklasse wurde folgende Übergangsmatrix aufgestellt [23]:

$$\mathbf{P} = \begin{pmatrix} 0.832 & 0.033 & 0.013 & 0.028 & 0.095 \\ 0.046 & 0.788 & 0.016 & 0.038 & 0.112 \\ 0.038 & 0.034 & 0.785 & 0.036 & 0.107 \\ 0.054 & 0.045 & 0.017 & 0.728 & 0.156 \\ 0.082 & 0.065 & 0.023 & 0.071 & 0.759 \end{pmatrix}.$$

Das Programm liefert die stationäre Verteilung (gerundet)

$$\mathbf{p} = \begin{pmatrix} 0.272 \\ 0.184 \\ 0.076 \\ 0.147 \\ 0.321 \end{pmatrix}.$$

Die tatsächlichen entsprechenden Anteile der Schichten waren

$$(28,2\,\%, \, 17,0\,\%, \, 6,8\,\%, \, 13,7\,\%, \, 34,3\,\%).$$

Da die stationäre Verteilung nicht allzusehr von tatsächlichen Verteilung abweicht, kann man annehmen, daß die Wanderungsbewegung zwischen den fünf Schichten bereits angenähert das Gleichgewicht erreicht hat.

Auskunft, ob das System im Gleichgewicht ist, gibt auch die Austauschmatrix

$$\mathbf{A} = \mathbf{D}^{-1}\mathbf{P}.$$

Dabei enthält die Diagonalmatrix $\mathbf{D}$ den Grenzvektor $\mathbf{p}$ in der Diagonale. Hier gilt (gerundet)

$$\mathbf{A} = \begin{pmatrix} 0.2260 & 0.0090 & 0.0035 & 0.0076 & 0.0258 \\ 0.0085 & 0.1451 & 0.0029 & 0.0070 & 0.0206 \\ 0.0030 & 0.0026 & 0.0600 & 0.0037 & 0.0081 \\ 0.0080 & 0.0066 & 0.0025 & 0.1073 & 0.0230 \\ 0.0263 & 0.0208 & 0.0074 & 0.0228 & 0.2434 \end{pmatrix}.$$

Da $\mathbf{A}$ nahezu symmetrisch ist, ist das System fast im Gleichgewicht und der Prozeß reversibel.

Analog wie für absorbierende Ketten ist nach *Kemeny/Snell* [23] eine Fundamentalmatrix

$$\mathbf{Z} = (\mathbf{E} - (\mathbf{P} - \mathbf{P}^{\infty}))^{-1}$$

definiert. Mit Hilfe der Fundamentalmatrix lassen sich weitere wichtige Matrizen berechnen. Faßt man die mittleren Übergangszeiten m_{ij} vom Zustand i nach j zu einer Matrix $\mathbf{M}$ zusammen, so gilt

$$\mathbf{M} = (\mathbf{E} - \mathbf{Z} - \mathbf{I}\mathbf{Z}_{dg})\,\mathbf{D}.$$

Dabei ist $\mathbf{I}$ die Einsmatrix und $\mathbf{Z}_{dg}$ die Diagonalmatrix, die die Diagonale von $\mathbf{Z}$ enthält. Hier gilt gerundet

$$\mathbf{M} = \begin{pmatrix} 3.68 & 22.41 & 57.81 & 23.32 & 9.63 \\ 17.02 & 5.43 & 56.90 & 22.12 & 8.87 \\ 17.66 & 22.12 & 13.14 & 22.31 & 9.04 \\ 16.33 & 21.02 & 56.58 & 6.78 & 7.63 \\ 15.23 & 20.07 & 55.83 & 20.18 & 3.11 \end{pmatrix}.$$

Die Varianzen der mittleren Übergangszeiten können der Matrix $\mathbf{V}$ entnommen werden:

$$\mathbf{V} = \mathbf{M}(2\mathbf{Z}_{dg}\mathbf{D} - \mathbf{E}) + 2(\mathbf{Z}\mathbf{M} - \mathbf{I}(\mathbf{Z}\mathbf{M})_{dg}) - \mathbf{M}_{sq}.$$

Dabei ist $\mathbf{M}_{sq}$ die elementweise quadrierte Matrix $\mathbf{M}$. Es gilt

$$\mathbf{V} = \begin{pmatrix} 90.3 & 939.9 & 6514 & 1008 & 169.5 \\ 539.8 & 193.4 & 6402 & 944.8 & 149.0 \\ 565.7 & 923.8 & 1391 & 954.5 & 153.3 \\ 512.0 & 869.0 & 6364 & 258.7 & 120.4 \\ 472.6 & 826.3 & 6277 & 852.1 & 40.9 \end{pmatrix} .$$

Die zugehörigen Standardabweichungen ergeben sich als Quadratwurzel der Varianzen. Da hier die Standardabweichungen dieselbe Größenordnung wie die Übergangszeiten haben, variieren diese sehr stark.

```
100 REM REGULAERE MARKOWKETTE
110 :
120 READ N:REM ANZAHL DER ZUSTAENDE
130 DIM A(N,N+1),X(N)
140 :
150 REM EINLESEN DER UEBERGANGSMATRIX
160 FOR I=1 TO N
170 FOR J=1 TO N
180 READ A(J,I)
190 NEXT J
200 NEXT I
210 :
220 REM AUFSTELLEN DES GLEICHUNGSSYSTEMS
230 FOR I=1 TO N-1
240 A(I,N+1)=0
250 NEXT I
260 FOR I=1 TO N+1
270 A(N,I)=1
280 NEXT I
290 FOR I=1 TO N-1
300 A(I,I)=A(I,I)-1
310 NEXT I
320 :
330 REM AUFRUF PROZEDUR GAUSSELIMATION
340 GOSUB 6000
350 :
360 PRINT"GRENZVERTEILUNG:"
370 FOR I=1 TO N
380 PRINT"P(";I;")=";X(I)
390 NEXT I
400 END
410 :
420 DATA 5
430 DATA .832,.033,.013,.028,.095
440 DATA .046,.788,.016,.038,.112
450 DATA .038,.034,.785,.036,.107
460 DATA .054,.045,.017,.728,.156
470 DATA .082,.065,.023,.071,.759


READY.
```

```
REGULAERE MARKOWKETTE

GRENZVERTEILUNG:
P( 1 )= .271577216
P( 2 )= .184119675
P( 3 )= .0760947808
P( 4 )= .14747205
P( 5 )= .320736279
```

6.4 Absorbierende Markowketten

Ein Zustand i einer Markowkette heißt absorbierend, wenn gilt

$$a_{ii} = 1$$

und wenn dieser Zustand von allen anderen (nicht notwendig direkt) erreichbar ist.
    Bekannte Beispiele sind:

$$\begin{pmatrix} 1 & 0 & 0 & 0 & 0 \\ .5 & 0 & .5 & 0 & 0 \\ 0 & .5 & 0 & .5 & 0 \\ 0 & 0 & .5 & 0 & .5 \\ 0 & 0 & 0 & 0 & 1 \end{pmatrix}$$

Diffusion mit Absorption
(Teilchen diffundiert mit gleicher Wahrscheinlichkeit nach rechts und links bis es in 1 oder 5
absorbiert wird),

$$\begin{pmatrix} 1 & 0 & 0 & 0 & 0 \\ .1 & 0 & .9 & 0 & 0 \\ 0 & .1 & 0 & .9 & 0 \\ 0 & 0 & .1 & 0 & .9 \\ 0 & 0 & 0 & 0 & 1 \end{pmatrix}$$

Spielers Ruin
(Spieler gewinnt mit 10 % Wahrscheinlichkeit;
er spielt so lange, bis er kein Geld mehr oder
eine bestimmte Summe gewonnen hat).

Der Eigenwert 1 einer absorbierenden Markowkette tritt so oft auf, wie die Kette absorbierende Zustände hat. Ist die Kette ergodisch, so existiert eine stationäre Verteilung,
nämlich

$$(1, 0, 0, 0, 0)^{T},$$

falls das Teilchen in 1 absorbiert oder der Spieler ruiniert wird, bzw.

$$(0, 0, 0, 0, 1)^{T},$$

falls das Teilchen in 5 absorbiert wird oder der Spieler seine gewünschte Summe gewonnen hat. In absorbierenden Markowketten sind die absorbierenden Zustände stets die
stationären.

    Man interessiert sich meist für folgende Fragen: Wie lange verweilt das Teilchen in
einem nichtabsorbierenden Zustand? Wie groß ist die mittlere Wartezeit bis zur Absorption? Wie groß sind die Übergangswahrscheinlichkeiten in die absorbierenden Zustände,
wenn das Teilchen in einem nichtabsorbierenden Zustand startet?

Die Behandlung von absorbierenden Markowketten soll hier an einem Beispiel aus der Genetik dargestellt werden. Bei der Geschwisterpaarung gibt es für zwei Gene a, b [10] verschiedene Zustände:

$$aa \times aa, \quad aa \times ab, \quad aa \times bb, \quad ab \times ab, \quad ab \times bb, \quad bb \times bb.$$

Die Zustände aa x bb und bb x aa brauchen nicht unterschieden zu werden. In der Tochtergeneration ergibt sich folgende Genverteilung mit der angegebenen Wahrscheinlichkeit

$$aa \times aa \longrightarrow aa\ 1$$

$$aa \times ab \left\langle \begin{array}{l} aa\ \tfrac{1}{2} \\[4pt] ab\ \tfrac{1}{2} \end{array} \right.$$

$$aa \times bb \longrightarrow ab\ 1$$

$$ab \times ab \left\langle \begin{array}{l} aa\ \tfrac{1}{4} \\[4pt] ab\ \tfrac{1}{2} \\[4pt] bb\ \tfrac{1}{4} \end{array} \right.$$

$$ab \times bb \left\langle \begin{array}{l} ab\ \tfrac{1}{2} \\[4pt] bb\ \tfrac{1}{2} \end{array} \right.$$

$$bb \times bb \longrightarrow bb\ 1\ .$$

Kreuzt man einen solchen Nachkommen mit einem weiteren seiner Art, so folgt

$$aa \times aa \longrightarrow aa \times aa\ 1$$

$$aa \times ab \left\langle \begin{array}{l} aa \times aa\ \tfrac{1}{4} \\[4pt] aa \times ab\ \tfrac{1}{2} \\[4pt] ab \times ab\ \tfrac{1}{4} \end{array} \right.$$

$$aa \times bb \longrightarrow ab \times ab\ 1$$

$$ab \times bb \left\langle \begin{array}{l} ab \times ab\ \tfrac{1}{4} \\[4pt] ab \times bb\ \tfrac{1}{2} \\[4pt] bb \times bb\ \tfrac{1}{4} \end{array} \right.$$

$$bb \times bb \longrightarrow bb \times bb\ 1$$

$$ab \times ab \left\langle \begin{array}{l} aa \times aa\ 1/16 \\[3pt] aa \times ab\ 1/4 \\[3pt] aa \times bb\ 1/8 \\[3pt] ab \times ab\ 1/4 \\[3pt] ab \times bb\ 1/4 \\[3pt] bb \times bb\ 1/16 . \end{array} \right.$$

Nummeriert man die Zustände wie folgt

(1) aa x aa
(2) aa x ab
(3) aa x bb
(4) ab x ab
(5) ab x bb
(6) bb x bb,

so erhält man folgende Übergangsmatrix:

$$\begin{pmatrix} 1 & 0 & 0 & 0 & 0 & 0 \\ 1/4 & 1/2 & 0 & 1/4 & 0 & 0 \\ 0 & 0 & 0 & 1 & 0 & 0 \\ 1/16 & 1/4 & 1/8 & 1/4 & 1/4 & 1/16 \\ 0 & 0 & 0 & 1/4 & 1/2 & 1/4 \\ 0 & 0 & 0 & 0 & 0 & 1 \end{pmatrix} .$$

Wie man sieht, sind die Zustände (1): aa x aa und (6): bb x bb absorbierend.

Da absorbierende Markowketten stets reduzible Übergangsmatrizen haben, können sie stets durch Umnumerierung der Zustände auf die Form

$$\begin{pmatrix} \mathbf{E} & \mathbf{0} \\ \mathbf{B} & \mathbf{C} \end{pmatrix}$$

gebracht werden. Die entsprechende Permutation wurde bereits in Programm 17 durchgeführt:

$$\left(\begin{array}{cc|cccc} 1 & 0 & 0 & 0 & 0 & 0 \\ 0 & 1 & 0 & 0 & 0 & 0 \\ \hline 1/4 & 0 & 1/2 & 0 & 1/4 & 0 \\ 0 & 0 & 0 & 0 & 1 & 0 \\ 1/16 & 1/16 & 1/4 & 1/8 & 1/4 & 1/4 \\ 0 & 1/4 & 0 & 0 & 1/4 & 1/2 \end{array} \right) .$$

Die Grenzmatrix $\mathbf{P}^{\infty}$ hat die Form

$$\left(\begin{array}{c|c} \mathbf{E} & \mathbf{0} \\ \hline \mathbf{D} & \mathbf{0} \end{array} \right)$$

mit

$$\mathbf{D} = \mathbf{E} + \mathbf{C} + \mathbf{C}^2 + \mathbf{C}^3 + \dots$$

Die Matrizenreihe von $\mathbf{D}$ konvergiert, da $\mathbf{C}$ nur Eigenwerte $\lambda < 1$ hat. Damit folgt
$$\lim_{k \to \infty} \mathbf{C}^k = \mathbf{0}$$
und

$$\mathbf{D} = (\mathbf{E} - \mathbf{C})^{-1} \quad \text{(geometrische Reihe).}$$

Die Zeilensummen von $\mathbf{D}$ geben dann die mittleren Wartezeiten bis zur Absorption für die nicht absorbierenden Zustände an. Multipliziert man $\mathbf{D}$ noch mit $\mathbf{B}$, so liefert die Produktmatrix die Wahrscheinlichkeiten, mit denen die absorbierenden Zustände, ausgehend von den nichtabsorbierenden, erreicht werden [12, 24]. Hier ergibt sich

$$\mathbf{D} = \begin{pmatrix} 2\,2/3 & 1/6 & 1\,1/3 & 2/3 \\ 1\,1/3 & 1\,1/3 & 2\,2/3 & 1\,1/3 \\ 1\,1/3 & 1/3 & 2\,2/3 & 1\,1/3 \\ 2/3 & 1/6 & 1\,1/3 & 2\,2/3 \end{pmatrix} .$$

Die Summe der Verweilzeiten in den nichtabsorbierenden Zuständen ist dann gleich der Wartezeit bis zur Absorption

$$\begin{pmatrix} 4\ 5/6 \\ 6\ 2/3 \\ 5\ 2/3 \\ 4\ 5/6 \end{pmatrix}.$$

Die Übergangswahrscheinlichkeiten in die absorbierenden Zustände ergeben sich zu

$$\begin{pmatrix} 3/4 & 1/4 \\ 1/2 & 1/2 \\ 1/2 & 1/2 \\ 1/4 & 3/4 \end{pmatrix}.$$

Daraus ist ersichtlich, daß die Wahrscheinlichkeit, reinrassige Nachkommen der Art aa x aa bzw. bb x bb zu bekommen, mit der Anzahl der vorhandenen Gene wächst. Dies bedeutet, daß bei fortgesetzter Inzucht auf lange Sicht eines der Gene a oder b verschwindet.

```
100 REM ABSORBIERENDE MARKOWKETTE
110 :
120 READ N:REM ZAHL DER NICHTABSORB.ZUSTAENDE
130 READ M:REM ZAHL DER ABSORB.ZUSTAENDE
140 DIM A(N,M),B(N,N),C(N)
150 :
160 REM NICHTABSORBIERENDE ZUSTAENDE
170 FOR I=1 TO N
180 FOR J=1 TO N
190 READ B(I,J):B(I,J)=-B(I,J)
200 NEXT J
210 NEXT I
220 FOR I=1 TO N
230 B(I,I)=B(I,I)+1
240 NEXT I
250 :
260 REM INVERSION NACH VERKETTETEN GAUSS-VERFAHREN
270 FOR I=1 TO N
280 FOR K=I TO N
290 IF B(K,I)<>0 THEN 320
300 NEXT K
310 PRINT"MATRIX SINGULAER":END
320 FOR J=1 TO N
330 B=B(I,J):B(I,J)=B(K,J):B(K,J)=B
340 NEXT J
350 C(I)=K
360 B(I,I)=1/B(I,I)
370 FOR J=1 TO N
380 IF J=I THEN 400
390 B(I,J)=B(I,I)*B(I,J)
400 NEXT J
410 FOR K=1 TO N
```

```
420 IF K=I THEN 470
430 B=-B(K,I):B(K,I)=0
440 FOR J=1 TO N
450 B(K,J)=B(K,J)+B*B(I,J)
460 NEXT J
470 NEXT K
480 NEXT I
490 :
500 REM MITTLERE VERWEILZEITEN
510 FOR I=N TO 1 STEP -1
520 IF C(I)=I THEN 560
530 FOR J=1 TO N
540 B=B(J,I):B(J,I)=B(J,C(I)):B(J,C(I))=B
550 NEXT J
560 NEXT I
570 PRINT"MITTL.VERWEILZEITEN IN NICHTABS.ZUSTAENDEN"
580 FOR I=1 TO N
590 FOR J=1 TO N
600 PRINT INT(1E5*B(I,J)+.5)/1E5;
610 NEXT J:PRINT
620 NEXT I:PRINT
630 :
640 REM MITTL.WARTEZEIT BIS ABSORPTION
650 PRINT"MITTL.WARTEZEITEN BIS ABSORPTION"
660 FOR I=1 TO N
670 S=0
680 FOR J=1 TO N
690 S=S+B(I,J)
700 NEXT J
710 D(I)=S
720 PRINT INT(1E5*S+.5)/1E5
730 NEXT I:PRINT
740 :
750 REM UEBERGANGSWAHRS. IN ABSORB.ZUSTAENDE
760 FOR I=1 TO N
770 FOR J=1 TO M
780 READ A(I,J)
790 NEXT J
800 NEXT I
810 :
820 PRINT"UEBERGANGSWAHRSCH.IN ABSORB.ZUSTAENDE"
830 FOR I=1 TO N
840 FOR J=1 TO M
850 S=0
860 FOR K=1 TO N
870 S=S+B(I,K)*A(K,J)
880 NEXT K
890 E(I,J)=S
900 PRINT INT(1E5*S+.5)/1E5;
910 NEXT J:PRINT
920 NEXT I
930 END
940 :
```

```
 950 DATA 4,2
 960 DATA .5,0,.25,0
 970 DATA 0,0,1,0
 980 DATA .25,.125,.25,.25
 990 DATA 0,0,.25,.5
 1000 :
 1010 DATA .25,0
 1020 DATA 0,0
 1030 DATA .0625,.0625
 1040 DATA 0,.25
READY.
```


ABSORBIERENDE MARKOWKETTE


```
MITTL.VERWEILZEITEN IN NICHTABS.ZUSTAENDEN
 2.66667     .16667   1.33333     .66667
 1.33333   1.33333    2.66667   1.33333
 1.33333     .33333   2.66667   1.33333
  .66667     .16667   1.33333   2.66667

MITTL.WARTEZEITEN BIS ABSORPTION
 4.83333
 6.66667
 5.66667
 4.83333

UEBERGANGSWAHRSCH.IN ABSORB.ZUSTAENDE
 .75   .25
 .5    .5
 .5    .5
 .25   .75
```

7 Optimierung

7.1 Simplexverfahren

Viele wirtschaftliche Probleme wie Produktionsplanung, optimales Mischen und Transportprobleme können mit Hilfe der linearen Optimierung gelöst werden.

Ein Standard-Verfahren des linearen Optimierens ist der Simplex-Algorithmus, den *G. B. Dantzig* 1947/1948 im Auftrag der amerikanischen Luftwaffe entwickelte.

Das sogenannte duale Problem der linearen Optimierung ist: Maximiere die Zielfunktion

$$c^T x \to \text{Max}$$

unter den Nebenbedingungen

$$Ax \leqslant b \quad \text{mit} \ x \geqslant 0.$$

Das Simplexverfahren soll hier an einem Beispiel erläutert werden. Gesucht ist das Maximum der Zielfunktion

$$z = x_1 + 3x_2 + 4x_3$$

unter den Nebenbedingungen

$$
\begin{aligned}
3x_1 + 2x_2 \quad\ &\leqslant 13 \\
x_2 + 3x_3 &\leqslant 17 \\
2x_1 + \ x_2 + \ x_3 &\leqslant 13
\end{aligned}
$$

mit $x_1, x_2, x_3 \geqslant 0$.

Durch Einführung sogenannter Schlupfvariablen $x_4, x_5, x_6 \geqslant 0$ wird das Ungleichungssystem in ein Gleichungssystem übergeführt

$$
\begin{aligned}
3x_1 + 2x_2 \qquad\ + x_4 \qquad\qquad\ &= 13 \\
x_2 + 3x_3 \qquad + x_5 \quad\ &= 17 \\
2x_1 + \ x_2 + \ x_3 \qquad\qquad + x_6 &= 13.
\end{aligned}
$$

Setzt man die Zielfunktion in der Form

$$z - x_1 - 3x_2 - 4x_3 - 0x_4 - 0x_5 - 0x_6 = 0$$

in die erste Zeile, so erhält man das Simplex-Tableau

$$
\begin{pmatrix}
-1 & -3 & -4 & 0 & 0 & 0 & \bigm| & 0 \\
3 & 2 & 0 & 1 & 0 & 0 & \bigm| & 13 \\
0 & 1 & 3 & 0 & 1 & 0 & \bigm| & 17 \\
2 & 1 & 1 & 0 & 0 & 1 & \bigm| & 13
\end{pmatrix}
\quad
\begin{array}{l}
\text{char. Quot.} \\
13/0 \\
17/3 \\
13/1.
\end{array}
$$

Wegen der Voraussetzung $\mathbf{x} \geqslant 0$ wird der Wert der Zielfunktion vergrößert, wenn der betragsgrößte negative Koeffizient der Zielfunktion verkleinert wird. Dieser Koeffizient bestimmt die sogenannte Pivotspalte. Dividiert man die letzte Spalte durch das zugehörige Element der Pivotspalte, so erhält man die charakteristischen Quotienten. Der kleinste Quotient bestimmt die Pivotzeile — hier die 3. Zeile. Pivotzeile und -Spalte bestimmen das Pivotelement — hier 3. Jedes Element der Pivotzeile wird durch das Pivotelement dividiert. Ist k das jeweilige Element einer Zeile in der Pivotspalte, so wird dann zu jeder Zeile — außer der Pivotzeile — das k-fache der neuen Pivotzeile addiert. Diese Schritte liefern das neue Simplextableau

$$\begin{pmatrix} -1 & -\frac{5}{3} & 0 & 0 & \frac{4}{3} & 0 & \Big| & \frac{68}{3} \\ 3 & 2 & 0 & 1 & 0 & 0 & \Big| & 13 \\ 0 & \frac{1}{3} & 1 & 0 & \frac{1}{3} & 0 & \Big| & \frac{17}{3} \\ 2 & \frac{2}{3} & 0 & 0 & -\frac{1}{3} & 0 & \Big| & \frac{22}{3} \end{pmatrix} \qquad \begin{matrix} \text{char. Quot.} \\ \frac{13}{2} \\ 17 \\ \\ \end{matrix}$$

Das neue Pivotelement ist 2. Wiederholt man die angegebenen Schritte, so ergibt sich das Tableau

$$\begin{pmatrix} \frac{3}{2} & 0 & 0 & \frac{5}{6} & \frac{4}{3} & 0 & \Big| & \frac{67}{2} \\ \frac{3}{2} & 1 & 0 & \frac{1}{2} & 0 & 0 & \Big| & \frac{13}{2} \\ -\frac{1}{2} & 0 & 1 & -\frac{1}{6} & \frac{1}{3} & 0 & \Big| & \frac{7}{3} \\ 1 & 0 & 0 & -\frac{1}{3} & -\frac{1}{3} & 1 & \Big| & 3 \end{pmatrix} .$$

Da die erste Zeile kein negatives Element mehr enthält, ist das Simplexverfahren beendet. Das rechts oben stehende Element gibt den optimalen Wert der Zielfunktion an. Das gesuchte Maximum der Zielfunktion beträgt also bei diesem Beispiel

$$z_{max} = 33.5$$

Als Programmbeispiel wird die Aufgabe

$$z = \mathbf{c}^T \mathbf{x} \to \text{Max}$$
$$\mathbf{Ax} \leqslant \mathbf{b}, \ \mathbf{x} \geqslant 0$$

mit

$$\mathbf{c} = (15, 9, 18, 5)$$

$$\mathbf{A} = \begin{pmatrix} 3 & 2 & 1 & 0 \\ 4 & 3 & 2 & 1 \\ 2 & 1 & 6 & 1 \end{pmatrix} \quad \mathbf{b} = \begin{pmatrix} 80 \\ 56 \\ 48 \end{pmatrix}$$

behandelt. Das Programm liefert $z_{max} = 260$.

Das Dualitätsprinzip der linearen Optimierung besagt, daß das primale Problem

$$y^T b \to \text{Min}$$

mit

$$A^T y \geqslant c, \quad y \geqslant 0;$$

dieselbe Lösung ergibt

$$c^T x \to \text{Max}$$

mit

$$Ax \leqslant b, \quad x \geqslant 0.$$

Das Programm-Beispiel ist somit gleichzeitig Lösung von folgender Minimierungsaufgabe:

$$z = 80x_1 + 56x_2 + 48x_3 \to \text{Min}$$

mit

$$3x_1 + 4x_2 + 2x_3 \geqslant 15$$
$$2x_1 + 3x_2 + \ x_3 \geqslant \ 9$$
$$x_1 + 2x_2 + 6x_3 \geqslant 18$$
$$x_2 + \ x_3 \geqslant \ 5$$

und $x \geqslant 0$.

```
5000 REM ..............................Prozedur Simplexverfahren
5010 REM ....................................................
5020 REM Eingangsparameter...................................
5030 REM ....................A(I,J) Matrix d.Nebenbedingungen
5040 REM ....................N Zahl der Variablen............
5050 REM ....................M Zahl der Nebenbedingungen.....
5060 REM ....................BV(I) Basisvariablen...........
5070 REM ....................P$ Typ Min oder Max...........
5080 REM ....................................................
5090 REM Ausgangsparameter...................................
5100 REM ....................A(I,J) Simplex-Tableau.........
5110 REM ....................Z Optimum......................
5120 REM ....................IT Zahl der Simplexschritte.....
5130 REM Lokale Parameter....................................
5140 REM ....................I,J,V,H1,H2,MI,PZ,PS,HI
5150 REM ....................................................
5160 :
5170 REM Basisvariable
5180 IF P$="MIN" THEN 5230
5190 FOR I=1 TO M
5200 BV(I)=N+I
5210 NEXT I
5220 :
5230 REM Schlupfvariablen
5240 IF P$="MIN" THEN H1=N:H2=M:GOTO 5260
5250 H1=M:H2=N
5260 FOR I=1 TO M1
5270 FOR J=1 TO H1
5280 A(I,H2+J)=0
```

```
5290 IF I=J THEN A(I,H2+J)=1
5300 NEXT J
5310 NEXT I
5320 :
5330 REM Pivotspalte
5340 IT=0
5350 IT=IT+1
5360 IF IT>(M*N*5) THEN 5790
5370 MI=A(M1,1):PS=1
5380 FOR J=2 TO N1-1
5390 IF A(M1,J)<MI THEN MI=A(M1,J):PS=J
5400 NEXT J
5410 IF MI>-.00001 THEN Z=A(M1,N1):RETURN
5420 :
5430 REM Pivotzeile
5440 MI=1E+20:PZ=0
5450 FOR I=1 TO M1-1
5460 IF A(I,PS)<=0 THEN 5490
5470 H=A(I,N1)/A(I,PS)
5480 IF H<MI THEN MI=H:PZ=I
5490 NEXT I
5500 IF PZ=0 THEN 5730
5510 :
5520 REM Basistausch
5530 IF P$="MAX" THEN BV(PZ)=PS
5540 HI=A(PZ,PS)
5550 FOR J=1 TO N1
5560 A(PZ,J)=A(PZ,J)/HI
5570 NEXT J
5580 IF PZ=1 THEN 5650
5590 FOR I=1 TO PZ-1
5600 HI=A(I,PS)
5610 FOR J=1 TO N1
5620 A(I,J)=A(I,J)-HI*A(PZ,J)
5630 NEXT J
5640 NEXT I
5650 FOR I=PZ+1 TO M1
5660 HI=A(I,PS)
5670 FOR J=1 TO N1
5680 A(I,J)=A(I,J)-HI*A(PZ,J)
5690 NEXT J
5700 NEXT I
5710 GOTO 5350
5720 :
5730 REM Unbeschraenkte Loesung
5740 IF P$="MIN" THEN 5760
5750 PRINT"Loesung ist unbeschraenkt":END
5760 PRINT"Es existiert keine Loesung"
5770 END
5780 :
5790 REM Entartete Loesung
5800 PRINT"Entartete Loesung"
5810 END:REM Prozedurende
```

```
100 REM Aufruf Prozedur Simplexverfahren
110 :
120 REM Einlesen der DATA-Werte
130 READ P$: REM Minimum- oder Maximumsproblem
140 IF P$<>"MIN" AND P$<>"MAX" THEN PRINT"MIN oder MAX eingeben":
150 READ N : REM Zahl der Variablen
160 READ M : REM Zahl der Nebenbedingungen
170 N1=N+M+1
180 IF P$="MIN" THEN M1=N+1:GOTO 200
190 M1=M+1
200 DIM BV(M1),A(M1,N1)
210 :
220 PRINT" ***    Simplex-Verfahren    ***"
230 PRINT:PRINT" Matrix der Nebenbedingungen"
240 FOR I=1 TO M
250 FOR J=1 TO N
260 IF P$="MIN" THEN READ A(J,I):PRINT A(J,I);:GOTO 280
270 READ A(I,J):PRINT A(I,J);
280 NEXT J:PRINT
290 NEXT I:PRINT
300 :
310 PRINT" Rechte Seite"
320 FOR I=1 TO M
330 IF P$="MIN" THEN READ A(M1,I):PRINT A(M1,I);:GOTO 350
340 READ A(I,N1):PRINT A(I,N1);
350 NEXT I:PRINT:PRINT
360 :
370 PRINT" Zielfunktion"
380 FOR J=1 TO N
390 IF P$="MIN" THEN READ A(J,N1):PRINT A(J,N1);:GOTO 410
400 READ A(M1,J):PRINT A(M1,J);
410 NEXT J:PRINT:PRINT
420 IF P$="MIN" THEN HI=M:GOTO 440
430 HI=N
440 FOR J=1 TO HI
450 A(M1,J)=-A(M1,J)
460 NEXT J
470 A(M1,N1)=0
480 :
490 :
500 GOSUB 5000:REM Aufruf Simplex-Prozedur
510 :
520 REM Ausgabe
530 PRINT "Optimale Lsung des ";
540 IF P$="MIN" THEN PRINT"Standard-Minimum-Problems":GOTO 560
550 PRINT"Standard-Maximum-Problems"
560 PRINT "nach";IT;"Schritten:"
570 FOR J=1 TO N
580 IF P$="MIN" THEN 650
590 V=0
600 FOR I=1 TO M
610 IF BV(I)=J THEN V=I:I=M
620 NEXT I
630 IF V=0 THEN X=0:GOTO 660
640 X=A(V,N1):GOTO 660
650 X=A(M1,M+J)
660 PRINT" x(";J;")=";X
```

```
670 NEXT J:PRINT
680 PRINT "Optimaler Wert der Zielfunktion=";Z
690 END
700 :
710 DATA MAX
720 DATA 4
730 DATA 3
740 :
750 DATA 3,2,1,0
760 DATA 4,3,2,1
770 DATA 2,1,6,1
780 :
790 DATA 80,56,48
800 :
810 DATA 15,9,18,5
```

```
***    Simplex-Verfahren    ***

Matrix der Nebenbedingungen
3   2   1   0
4   3   2   1
2   1   6   1


Rechte Seite
80   56   48


Zielfunktion
15   9   18   5

Optimale Lösung des Standard-Maximum-Problems
nach 4 Schritten:
 x( 1 )= 4.000002
 x( 2 )= 0
 x( 3 )= 0
 x( 4 )= 40

Optimaler Wert der Zielfunktion= 260
Ok
```

```
***    Simplex-Verfahren    ***

Matrix der Nebenbedingungen
3   4   2
2   3   1
1   2   6
0   1   1


Rechte Seite
15   9   18   5

Zielfunktion
80   56   48
```

```
Optimale Lösung des Standard-Minimum-Problems
nach 4 Schritten:
 x( 1 )= 0
 x( 2 )= 2.5
 x( 3 )= 2.5

Optimaler Wert der Zielfunktion= 260
Ok
```

7.2 Quadratische Optimierung

Gesucht sei das Minimum der quadratischen Funktion

$$\mathbf{x}^T \mathbf{C} \mathbf{x} + \mathbf{p}^T \mathbf{x} \to \text{Min}$$

mit positiv definiter Matrix $\mathbf{C}$ unter den Nebenbedingungen

$$\mathbf{A}\mathbf{x} \leq \mathbf{b}, \quad \mathbf{x} \geq 0 .$$

Dieses Problem kann zurückgeführt werden auf das duale [26]: Gesucht sei das Minimum

$$\mathbf{h}^T \mathbf{u} + \mathbf{u}^T \mathbf{G} \mathbf{u} \to \min$$

mit der Bedingung

$$\mathbf{u} \geq 0 .$$

Die Transformationsgleichungen sind

$$\mathbf{h} = \frac{1}{2} \mathbf{A} \mathbf{C}^{-1} \mathbf{p} + \mathbf{b}$$

$$\mathbf{G} = \frac{1}{4} \mathbf{A} \mathbf{C}^{-1} \mathbf{A}^T .$$

Die nichtnegative Lösung des dualen Problems sucht man nach einem Vorschlag von *Hildreth* und *d'Esopo* mit Hilfe des Gauß-Seidel-Iterationsverfahrens:

$$u_i^{(p+1)} = \max \{0, w_i^{(p+1)}\}$$

mit

$$w_i^{(p+1)} = -\frac{1}{g_{ii}} \left(\sum_{j=1}^{i-1} g_{ij} u_j^{(p+1)} + \frac{h_i}{2} + \sum_{j=i+1}^{m} g_{ij} u_j^{(p)} \right) .$$

Die hoch gestellten Indizes geben hier die Iterationsstufe an. Nach Konstruktion liefert das *Gauß-Seidel-Verfahren* einen nichtnegativen Lösungsvektor $\mathbf{u}$. Dieser Vektor $\mathbf{u}$ wird mittels der Beziehung

$$\mathbf{x} = -\frac{1}{2} \mathbf{C}^{-1} (\mathbf{A}^T \mathbf{u} + \mathbf{p})$$

in den Lösungsvektor des primären Problems zurücktransformiert.

Da $\mathbf{C}$ als positiv definit vorausgesetzt worden ist, existiert die bei den Transformationen benötigte Inverse $\mathbf{C}^{-1}$. Die quadratische Funktion ist daher auch streng konvex. Dies bedeutet, daß jedes lokale Minimum auch globales Minimum ist. Somit ist die quadratische Optimierung ein Spezialfall der konvexen Optimierung nach *Kuhn-Tucker* [26, 38].

Beispiel aus [26]: Gesucht ist das Minimum von

$$Q(\mathbf{x}) = \frac{1}{2} x_1^2 + \frac{1}{2} x_2^2 - x_1 - 2x_2$$

unter den Nebenbedingungen

$$2x_1 + 3x_2 \leqslant 6$$
$$x_1 + 4x_2 \leqslant 5$$
$$x_1 \geqslant 0, x_2 \geqslant 0;$$

somit gilt

$$\mathbf{C} = \begin{pmatrix} 1/2 & 0 \\ 0 & 1/2 \end{pmatrix} \quad \mathbf{p} = \begin{pmatrix} -1 \\ -2 \end{pmatrix}$$

$$\mathbf{A} = \begin{pmatrix} 2 & 3 \\ 1 & 4 \\ -1 & 0 \\ 0 & -1 \end{pmatrix} \quad \mathbf{b} = \begin{pmatrix} 6 \\ 5 \\ 0 \\ 0 \end{pmatrix}.$$

Mit

$$\mathbf{C}^{-1} = \begin{pmatrix} 2 & 0 \\ 0 & 2 \end{pmatrix}$$

führt die Transformation auf

$$\mathbf{h} = \begin{pmatrix} -2 \\ -4 \\ 1 \\ 2 \end{pmatrix} \quad \mathbf{G} = \begin{pmatrix} 13/2 & 7 & -1 & -3/2 \\ 7 & 17/2 & -1/2 & -2 \\ -1 & -1/2 & 1/2 & 0 \\ -3/2 & -2 & 0 & 1/2 \end{pmatrix}$$

Die *Gauß-Seidel-Iteration* liefert

$$\mathbf{u} = \left(0, \frac{4}{17}, 0, 0\right)^{\mathrm{T}};$$

Rücktransformation ergibt

$$\mathbf{x} = \left(\frac{13}{17}, \frac{18}{17}\right)^{\mathrm{T}}$$

mit $Q(\mathbf{x}) = -69/34$.

Im Programm läuft das Beispiel

$$Q(\mathbf{x}) = \frac{1}{2} x_1^2 - 2x_1 x_2 + 3x_2^2 + 5x_1 + 16x_2$$

unter den Nebenbedingungen

$$x_1 + 2x_2 \geqslant 6$$
$$x_1 - x_2 \leqslant 4$$
$$x_1 \qquad \geqslant 0$$
$$x_2 \geqslant 0 \quad \text{ab.}$$

Einsetzen der Inversen von C und der Nebenbedingungen liefert

$$x = (4, 1)^T.$$

Einsetzen in die quadratische Form zeigt das Minimum

$$Q(x) = 39.$$

```
100 REM QUADRATISCHE OPTIMIERUNG
110 :
120 READ N:REM DIMENSION
130 READ M:REM ANZAHL DER NEBENBEDING.
140 :
150 REM INVERSE MATRIX DER QUADRATISCHEN FORM
160 FOR I=1 TO N
170 FOR J=1 TO N
180 READ C(I,J)
190 NEXT J
200 NEXT I
210 :
220 REM LINEARE TERME DER QUADR.FORM
230 FOR I=1 TO N
240 READ P(I)
250 NEXT I
260 :
270 REM MATRIX DER <= NEBENBEDINGUNGEN
280 FOR I=1 TO M
290 FOR J=1 TO N
300 READ A(I,J)
310 NEXT J
320 NEXT I
330 :
340 REM RECHTE SEITE DER NEBENBEDINGUNGEN
350 FOR I=1 TO M
360 READ B(I)
370 NEXT I
380 :
390 REM TRANSFORMATION
400 FOR I=1 TO M
410 FOR J=1 TO N
420 S=0
430 FOR K=1 TO N
440 S=S+A(I,K)*C(K,J)
450 NEXT K
460 G(I,J)=S
470 NEXT J
```

```
480 NEXT I
490 :
500 FOR I=1 TO M
510 FOR J=1 TO M
520 S=0
530 FOR K=1 TO M
540 S=S+G(I,K)*A(J,K)
550 NEXT K
560 H(I,J)=S/4
570 NEXT J
580 NEXT I
590 :
600 FOR I=1 TO M
610 S=0
620 FOR J=1 TO M
630 S=S+G(I,J)*P(J)
640 NEXT J
650 Q(I)=S/2+B(I)
660 NEXT I
670 :
680 REM STARTWERTE FUER ITERATION
690 FOR I=1 TO M
700 U(I)=0
710 NEXT I
720 :
730 REM GAUSS-SEIDEL-ITERATION
740 T=0
750 FOR I=1 TO M
760 S=0
770 FOR J=1 TO M
780 IF J=I THEN  800
790 S=S+H(I,J)*U(J)
800 NEXT J
810 W(I)=-(S+Q(I)/2)/H(I,I)
820 IF W(I)<0 THEN W(I)=0
830 T=T+ABS(U(I)-W(I))
840 U(I)=W(I)
850 NEXT I
860 IF T<1E-5 THEN 890
870 GOTO 730
880 :
890 REM RUECKTRANSFORMATION
900 FOR I=1 TO N
910 S=0
920 FOR J=1 TO M
930 S=S+A(J,I)*W(J)
940 NEXT J
950 F(I)=S+P(I)
960 NEXT I
970 FOR I=1 TO N
980 S=0
990 FOR J=1 TO N
1000 S=S+C(I,J)*F(J)
```

```
1010 NEXT J
1020 X(I)=-S/2
1030 NEXT I
1040 :
1050 PRINT"QUADRATISCHE OPTIMIERUNG"
1060 PRINT"MINIMUM FUER FOLGENDE X-WERTE:"
1070 FOR I=1 TO N
1080 PRINT"X(";I;")=";X(I)
1090 NEXT I
1100 END
1110 :
1120 DATA 2,4
1130 DATA 6,2
1140 DATA 2,1
1150 DATA 5,16
1160 DATA -1,-2
1170 DATA 1,-1
1180 DATA -1,0
1190 DATA 0,-1
1200 DATA -6,4,0,0
READY.
```

```
QUADRATISCHE OPTIMIERUNG



MINIMUM FUER FOLGENDE X-WERTE:
X( 1 )= 4
X( 2 )= 1
```

7.3 Optimale Zuordnung

Bei vielen kombinatorischen und *Operations-Research-Problemen* geht es darum, eine Permutation

$$(p_1, p_2, p_3, \ldots, p_n)$$

der Zahlen 1, 2, 3, ..., n so zu finden, daß gilt

$$\sum_{i=1}^{n} a_{ip_i} \rightarrow \text{Minimum.}$$

Anschaulich bedeutet dies: Aus jeder Zeile und Spalte einer Matrix ist je ein Element so auszuwählen, daß die Summe der Elemente minimal wird.

Ein typisches Zuordnungsproblem ist: 6 Bagger einer Baufirma sollen an 6 verschiedenen Baustellen eingesetzt werden. Welcher Bagger ist zu welcher Baustelle zu transportieren, wenn die Entfernungen durch folgende Kostenmatrix gegeben sind?

$$
\begin{array}{c|cccccc}
\text{Bagger} & 1 & 2 & 3 & 4 & 5 & 6 \qquad \text{Baustelle}\\
\hline
1 & 60 & 35 & 28 & 53 & 29 & 26\\
2 & 81 & 43 & 37 & 23 & 36 & 45\\
3 & 42 & 42 & 33 & 47 & 43 & 51\\
4 & 29 & 70 & 42 & 53 & 48 & 37\\
5 & 81 & 69 & 40 & 66 & 69 & 60\\
6 & 10 & 21 & 32 & 31 & 24 & 27
\end{array}
$$

Gesucht ist also eine Zuordnung Bagger — Baustelle, die die minimale Kostensumme liefert. An diesem Beispiel sieht man auch, daß das Zuordnungsproblem als Spezialfall des Transportproblems betrachtet werden kann [5].

Zur Lösung der Aufgabe wird im Programm die sogenannte *Ungarische Methode* verwendet. Sie soll an Hand des gegebenen Beispiels erklärt werden.

Die Zeilenminima der Kostenmatrix sind

26, 23, 33, 29, 40 und 10.

Subtrahiert man in jeder Matrixzeile das jeweilige Minimum, so erhält man

$$
\begin{pmatrix}
34 & 9 & 2 & 27 & 3 & 0\\
58 & 20 & 14 & 0 & 13 & 22\\
9 & 9 & 0 & 14 & 10 & 12\\
0 & 41 & 13 & 24 & 19 & 8\\
41 & 29 & 0 & 26 & 29 & 20\\
0 & 11 & 22 & 21 & 14 & 17
\end{pmatrix} .
$$

Sodann subtrahiert man in jeder Spalte das jeweilige Spaltenminimum

$$
\begin{pmatrix}
34 & 0 & 2 & 27 & 0 & 0\\
58 & 11 & 14 & 0 & 10 & 22\\
9 & 0 & 0 & 14 & 7 & 12\\
0 & 32 & 13 & 24 & 16 & 8\\
41 & 20 & 0 & 26 & 26 & 20\\
0 & 2 & 22 & 21 & 11 & 17
\end{pmatrix} .
$$

Ziel der Ungarischen Methode ist es, die Kostenmatrix so zu reduzieren, daß die optimale Zuordnung direkt aus der Matrix abgelesen werden kann. Dies ist erreicht, wenn in jeder Zeile und Spalte mindestens eine Null enthalten ist. Kennzeichnet man die Null enthaltenden Zeilen und Spalten durch einen Strich, so ist eine Anordnung von Nullen zu finden, zu deren Überdeckung mindestens 6 Striche notwendig sind. Da in der oberen Matrix dazu nur 5 Striche notwendig sind, ist die optimale Zuordnung noch nicht erreicht.

Zur Reduzierung der Kostenmatrix wird folgender Schritt ausgeführt. Man sucht das Minimum aller nicht überdeckten Elemente, subtrahiert es von diesen Elementen und addiert es zu den Elementen, die von 2 Strichen überdeckt werden. Damit ergibt sich

$$
\begin{pmatrix}
41 & 7 & 9 & 27 & 0 & 0 \\
58 & 18 & 21 & 0 & 10 & 22 \\
9 & 0 & 0 & 7 & 0 & 5 \\
0 & 32 & 13 & 17 & 9 & 1 \\
41 & 20 & 0 & 19 & 19 & 13 \\
0 & 2 & 22 & 14 & 4 & 10
\end{pmatrix} .
$$

Da noch immer 5 Striche zur Überdeckung ausreichen, muß der letzte Reduktionsschritt wiederholt werden:

$$
\begin{pmatrix}
42 & 7 & 10 & 28 & \textcircled{0} & 0 \\
58 & 17 & 21 & \textcircled{0} & 9 & 21 \\
10 & \textcircled{0} & 1 & 8 & 0 & 5 \\
0 & 31 & 13 & 17 & 8 & \textcircled{0} \\
41 & 19 & \textcircled{0} & 19 & 18 & 12 \\
\textcircled{0} & 1 & 22 & 14 & 3 & 9
\end{pmatrix} .
$$

Da zur Überdeckung der Nullen nunmehr 6 Striche notwendig sind, ist eine optimale Lösung gefunden. Man markiert nun 6 Nullen so, daß jede Zeile und Spalte genau eine Markierung enthält. Die Indizes der markierten Nullen geben die optimale Zuordnung an:

$$
\begin{aligned}
a_{15} &= 0: & 1 &\leftrightarrow 5 \\
a_{24} &= 0: & 2 &\leftrightarrow 4 \\
a_{32} &= 0: & 3 &\leftrightarrow 2 \\
a_{46} &= 0: & 4 &\leftrightarrow 6 \\
a_{53} &= 0: & 5 &\leftrightarrow 3 \\
a_{61} &= 0: & 6 &\leftrightarrow 1 .
\end{aligned}
$$

Die Bagger 1–6 sind somit in der angegebenen Numerierung auf die Baustellen 5, 4, 2, 6, 3 und 1 zu bringen. Addiert man die markierten Felder der ursprünglichen Kostenmatrix, so erhält man die minimalen Kosten – hier 181.

Ist die Zuordnung der Nullen an die Spalten und Zeilen auf mehr als eine Weise möglich, so existieren mehrere optimale Lösungen. Das vorliegende Programm gibt dann nur eine Lösung aus.

Die ungarische Methode kann auch dazu benutzt werden, eine maximale Zuordnung zu finden. Haben z.B. n Damen in einem Eheanbahnungsinstitut an n Ehekandidaten Sympathiepunkte verteilt, so läßt sich eine Zuordnung finden, die die Punktezahl maximiert. Dazu müssen die Elemente der Kostenmatrix mit einem negativen Vorzeichen versehen werden.

```
100 REM ZUORDNUNGSPROBLEM
110 :
120 READ N : REM ORDNUNG DER KOSTENMATRIX
130 DIM A(N,2),P(N,2),R(N),C(N),Z(2*N,2),X(N,N),W(N,N)
140 :
150 FOR I=1 TO N
160 FOR J=1 TO N
170 READ X(I,J):W(I,J)=X(I,J)
180 NEXT J
190 NEXT I
200 :
210 REM INITIALISIEREN
220 FOR I=1 TO N
230 C(I)=0:R(I)=0
240 P(I,1)=0:P(I,2)=0
250 A(I,1)=0:A(I,2)=0
260 NEXT I
270 FOR I=1 TO 2*N
280 Z(I,1)=0:Z(I,2)=0
290 NEXT I
300 :
310 FOR I=1 TO N
320 M1=9999
330 FOR J=1 TO N
340 IF X(I,J)<M1 THEN M1=X(I,J)
350 NEXT J
360 FOR J=1 TO N
370 X(I,J)=X(I,J)-M1
380 NEXT J
390 NEXT I
400 :
410 FOR J=1 TO N
420 M1=9999
430 FOR I=1 TO N
440 IF X(I,J)<M1 THEN M1=X(I,J)
450 NEXT I
460 FOR I=1 TO N
470 X(I,J)=X(I,J)-M1
480 NEXT I
490 NEXT J
500 :
510 L=1
520 FOR I=1 TO N
530 J=1
540 IF J>N THEN 700
550 IF X(I,J)=0 THEN 580
560 J=J+1
570 GOTO 540
580 IF I=1 THEN 670
590 L1=L-1
600 FOR K=1 TO L1
610 IF A(K,2)<>J THEN 630
620 GOTO 650
```

```
630 NEXT K
640 GOTO 670
650 J=J+1
660 GOTO 540
670 A(L,1)=I:A(L,2)=J
680 C(J)=1
690 L=L+1
700 NEXT I
710 L=L-1
720 IF L=N THEN 1590
730 M=1
740 FOR I=1 TO N
750 J=1
760 IF J>N THEN 890
770 IF X(I,J)<>0 OR C(J)<>0 OR R(I)<>0 THEN 790
780 GOTO 810
790 J=J+1
800 GOTO 760
810 P(M,1)=I:P(M,2)=J
820 M=M+1
830 FOR K=1 TO L
840 IF A(K,1)=I THEN 870
850 NEXT K
860 GOTO 920
870 R(I)=1
880 C(A(K,2))=0
890 NEXT I
900 GOTO 1400
910 :
920 K2=M-1
930 R1=P(K2,1):C1=P(K2,2)
940 K3=L
950 K=1
960 S=1
970 IF K=1 THEN 1140
980 ON S GOTO 990,1070
990 FOR J=1 TO K3
1000 IF A(J,2)=C1 THEN 1040
1010 NEXT J
1020 K=K-1
1030 GOTO 1170
1040 R1=A(J,1)
1050 S=2
1060 GOTO 1140
1070 FOR J=1 TO K2
1080 IF P(J,1)=R1 THEN 1120
1090 NEXT J
1100 K=K-1
1110 GOTO 1170
1120 C1=P(J,2)
1130 S=1
1140 Z(K,1)=R1:Z(K,2)=C1
1150 K=K+1
```

```
1160 GOTO 970
1170 K5=1
1180 IF K5=K THEN 1270
1190 FOR I=1 TO L
1200 IF A(I,1)<>Z(K5+1,1) THEN 1230
1210 IF A(I,2)<>Z(K5+1,2) THEN 1230
1220 GOTO 1240
1230 NEXT I
1240 A(I,1)=Z(K5,1):A(I,2)=Z(K5,2)
1250 K5=K5+2
1260 GOTO 1180
1270 L=L+1
1280 A(L,1)=Z(K,1):A(L,2)=Z(K,2)
1290 IF L=N THEN 1590
1300 FOR I=1 TO N
1310 R(I)=0:C(I)=0
1320 P(I,1)=0:P(I,2)=0
1330 NEXT I
1340 FOR I=1 TO L
1350 C(A(I,2))=1
1360 NEXT I
1370 M=1
1380 GOTO 740
1390 :
1400 M1=9999
1410 FOR I=1 TO N
1420 IF R(I)<>0 THEN 1470
1430 FOR J=1 TO N
1440 IF C(J)<>0 THEN 1460
1450 IF X(I,J)<M1 THEN M1=X(I,J)
1460 NEXT J
1470 NEXT I
1480 FOR I=1 TO N
1490 FOR J=1 TO N
1500 IF R(I)<>0 OR C(J)<>0 THEN 1530
1510 X(I,J)=X(I,J)-M1
1520 GOTO 1550
1530 IF R(I)<>1 OR C(J)<>1 THEN 1550
1540 X(I,J)=X(I,J)+M1
1550 NEXT J
1560 NEXT I
1570 GOTO 740
1580 :
1590 Q=0
1600 FOR I=1 TO N
1610 Q=Q+W(A(I,1),A(I,2))
1620 NEXT I
1630 PRINT"MINIMALE KOSTEN:";Q
1640 PRINT:PRINT"OPTIMALE ZUORDNUNG:"
1650 FOR I=1 TO N
1660 PRINT A(I,1);A(I,2)
1670 NEXT I
1680 END
1690 :
```

```
1700 DATA 6
1710 DATA 60,35,28,53,29,26
1720 DATA 81,43,37,23,36,45
1730 DATA 42,42,33,47,43,51
1740 DATA 29,70,42,53,48,37
1750 DATA 81,69,40,66,69,60
1760 DATA 10,21,32,31,24,27
READY.
```

ZUORDNUNGSPROBLEM

MINIMALE KOSTEN: 181

OPTIMALE ZUORDNUNG:
```
 3  2
 2  4
 5  3
 6  1
 1  5
 4  6
```

8 Graphentheorie

8.1 Erreichbarkeitsmatrix eines gerichteten Graphen

Die Adjazenzmatrix eines Graphen ist wie folgt definiert:

$$a_{ij} = \begin{cases} 1 & \text{wenn Knoten i adjazent zu j} \\ 0 & \text{sonst.} \end{cases}$$

Für ungerichtete Graphen ist die Adjazenzmatrix symmetrisch. Der Graph

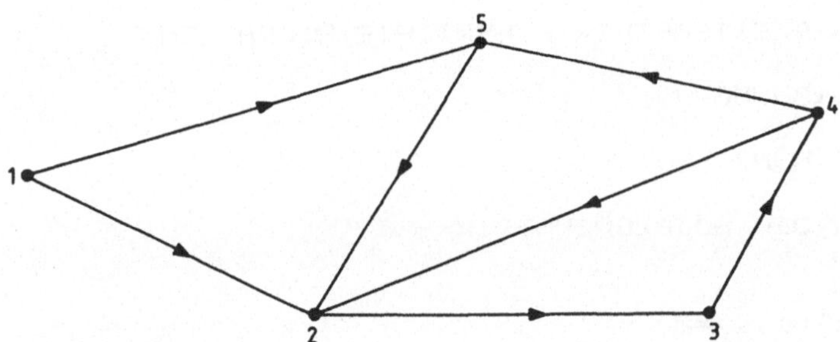

hat die Adjazenzmatrix

$$A = \begin{pmatrix} 0 & 1 & 0 & 0 & 1 \\ 0 & 0 & 1 & 0 & 0 \\ 0 & 0 & 0 & 1 & 0 \\ 0 & 1 & 0 & 0 & 1 \\ 0 & 1 & 0 & 0 & 0 \end{pmatrix}.$$

Für gerichtete Graphen ist es von Interesse, von welchem Knoten aus welcher Knoten beim Durchlaufen des Graphen erreichbar ist.

Da die m-te Potenz der Adjazenzmatrix angibt, wieviele m-stufige Verbindungen es zwischen Knoten i und j gibt, berechnet man die Matrix

$$(A + E)^{n-1}. \qquad (1)$$

Der Exponent erklärt sich aus der Tatsache, daß es in einem Graphen mit n Knoten höchstens einen $(n-1)$-stufigen Weg vom Knoten i zum Knoten j geben kann. Die Einheitsmatrix wird dabei addiert, da die Diagonale der Adjazenzmatrix verschwindet, aber jeder Knoten über sich selbst erreichbar sein muß. Knoten i ist von j aus erreichbar, wenn das Element p_{ij} der Matrix $(A + E)^{n-1}$ nicht verschwindet. Die Matrix dieser Erreichbar-keitsrelation nennt man die Erreichbarkeitsmatrix. Sie lautet für den oben angegebenen Graphen

$$P = \begin{pmatrix} 1 & 1 & 1 & 1 & 1 \\ 0 & 1 & 1 & 1 & 1 \\ 0 & 1 & 1 & 1 & 1 \\ 0 & 1 & 1 & 1 & 1 \\ 0 & 1 & 1 & 1 & 1 \end{pmatrix} .$$

Da die erste Spalte der Erreichbarkeitsmatrix (außer p_{11}) verschwindet, ist Knoten 1 von keinem anderen Knoten aus erreichbar. Dies ist auch aus dem Graphen ersichtlich, da kein Pfeil am Knoten 1 endet. Der Graph ist also nicht stark zusammenhängend [30].

Die Potenz (1) ist im Booleschen Sinne zu verstehen; d.h. die Elemente von P sind genau dann 1, wenn das entsprechende Element von $(A+E)^{n-1}$ nicht verschwindet (vgl. Abschnitt 19.12).

Im Programm wird das Potenzieren der Adjazenzmatrix durch einen Sprung in ein Unterprogramm ab Zeile 5000 erledigt. Hier muß das Programm Nr. 1 Matrixpotenz ein-gefügt werden. Im Programm wird das oben behandelte Beispiel berechnet.

```
100 REM ERREICHBARKEITSMATRIX E.GERICHTETEN GRAPHEN
110 :
120 READ N:REM ORDNUNG
130 P=N-1
140 DIM X(N,N),P(N,N)
150 :
160 REM EINLESEN DER ADJAZENZMATRIX
170 FOR I=1 TO N
180 FOR J=1 TO N
190 READ X(I,J):P(I,J)=0
200 NEXT J
210 P(I,I)=1:X(I,I)=X(I,I)+1
220 NEXT I
230 GOSUB 5000
240 :
250 PRINT "ERREICHBARKEITSMATRIX:"
260 FOR I=1 TO N
270 FOR J=1 TO N
280 IF P(I,J)>0 THEN P(I,J)=1
290 PRINT P(I,J);
300 NEXT J:PRINT
310 NEXT I
320 END
330 :
340 DATA 5
350 DATA 0,1,0,0,1
360 DATA 0,0,1,0,0
370 DATA 0,0,0,1,0
380 DATA 0,1,0,0,1
390 DATA 0,1,0,0,0

READY.
```

```
ERREICHBARKEITSMATRIX
```

```
ERREICHBARKEITSMATRIX:
1   1   1   1   1
0   1   1   1   1
0   1   1   1   1
0   1   1   1   1
0   1   1   1   1
```

8.2 Distanzmatrix eines bewerteten Graphen

Trägt man in die Adjazenzmatrix eine Bewertung ein, z.B. die direkte Entfernung von Knoten i zu j oder die Kosten, um von i nach j zu gelangen, so erhält man die bewertete Adjazenzmatrix. Der Graph selbst heißt dann bewertet. Ist Knoten i nicht adjazent zu j, so setzt man

$$a_{ij} = \infty.$$

Der Graph

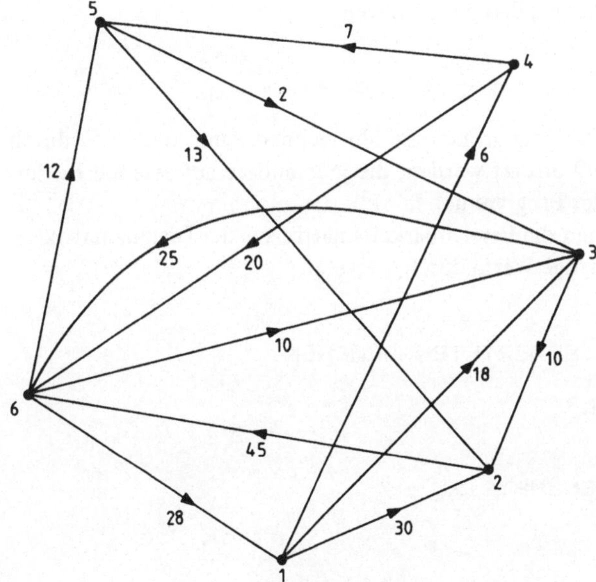

hat folgende bewertete Adjazenzmatrix:

$$
\begin{pmatrix}
0 & 30 & 18 & 6 & \infty & \infty \\
\infty & 0 & \infty & \infty & \infty & 45 \\
\infty & 10 & 0 & \infty & \infty & 25 \\
\infty & \infty & \infty & 0 & 7 & 20 \\
\infty & 13 & 2 & \infty & 0 & \infty \\
28 & \infty & 10 & \infty & 12 & 0
\end{pmatrix}.
$$

Durchsucht man nun alle Wege von Knoten i nach j und bestimmt daraus das Kosten-
oder Entfernungsminimum d_{ij}, so heißt diese Matrix **D** die *Distanzmatrix*.

Die Min-Verknüpfung zweier Matrizen **A** und **B**

$$c_{ij} = \min_{k} (a_{ik} + b_{kj})$$

heißt das *Hasse-Produkt*. Für Graphen mit vielen Kanten ist dieses Verfahren sehr rechen-
intensiv. Die Aufgabe, den kürzesten Weg zwischen zwei Knoten eines Graphen zu finden,
ist ein bekanntes Problem des *Operations Research*. Man benötigt sie insbesondere bei
dem Problem des *Travelling Salesman* (Rundreise-Problem). Die gesuchte Distanzmatrix
ergibt sich hier zu

$$\mathbf{D} = \begin{pmatrix} 0 & 25 & 15 & 6 & 13 & 26 \\ 73 & 0 & 55 & 79 & 57 & 45 \\ 53 & 10 & 0 & 59 & 37 & 25 \\ 48 & 19 & 9 & 0 & 7 & 20 \\ 55 & 12 & 2 & 61 & 0 & 27 \\ 28 & 20 & 10 & 34 & 12 & 0 \end{pmatrix} .$$

Überraschend ist die Distanz zwischen Knoten 1 und 3 nur 15, obwohl die direkte Entfernung 18 beträgt. Dies erklärt sich daraus, daß der „Umweg"

$$1 \rightarrow 4 \rightarrow 5 \rightarrow 3$$

kürzer ist als der direkte Weg $1 \rightarrow 3$.

Da der Computer nicht mit beliebig großen Zahlen rechnen kann, muß „∞" durch
eine große Zahl wie 999 oder 9999 ersetzt werden, die jede andere auftretende Entfernung übertrifft (vgl. DATA-Werte des Programms).

Zu erwähnen ist noch, daß man die Erreichbarkeitsmatrix aus der Distanzmatrix erhält, indem man ∞ durch 0 und sonstige Werte durch 1 ersetzt.

```
100 REM DISTANZMATRIX E.BEWERTETEN GRAPHEN:
110 :
120 READ N:REM ECKENZAHL
130 DIM A(N,N),D(N,N)
140 :
150 REM BEWERTETE ADJAZENZMATRIX
160 FOR I=1 TO N
170 FOR J=1 TO N
180 READ A(I,J)
190 NEXT J
200 NEXT I
210 :
220 REM MINIMUMVERKNUEPFUNG
230 FOR I=1 TO N
240 FOR J=1 TO N
250 M=A(I,1)+A(1,J)
260 FOR K=2 TO N
270 S=A(I,K)+A(K,J)
280 IF S<M THEN M=S
```

```
290 NEXT K
300 A(I,J)=M
310 NEXT J
320 NEXT I
330 :
340 PRINT"DISTANZMATRIX:"
350 FOR I=1 TO N
360 FOR J=1 TO N
370 M=A(I,1)+A(1,J)
380 FOR K=2 TO N
390 S=A(I,K)+A(K,J)
400 IF S<M THEN M=S
410 NEXT K
420 D(I,J)=M:PRINT M;
430 NEXT J:PRINT
440 NEXT I:PRINT
450 END
460 :
470 DATA 6
480 DATA 0,30,18,6,999,999
490 DATA 999,0,999,999,999,45
500 DATA 999,10,0,999,999,25
510 DATA 999,999,999,0,7,20
520 DATA 999,13,2,999,0,999
530 DATA 28,999,10,999,12,0
READY.
```

DISTANZMATRIX E.BEW.GRAPHEN

```
DISTANZMATRIX:
 0    25   15   6    13   26
73    0    55   79   57   45
53    10   0    59   37   25
48    19   9    0    7    20
55    12   2    61   0    27
28    20   10   34   12   0
```

9 Spieltheorie

9.1 Matrixspiel

Das Erscheinen des Buchs „Theory of Games and Economic Behavior" von *v. Neumann* und *Morgenstern*, 1944, setzte den Grundstein für die Spieltheorie als neuen Mathematikzweig.

Ein Spiel heißt 2-Personen-Nullsummenspiel, wenn der Gewinn einer Person der Verlust der anderen ist.

Hat ein Spieler A die Wahl zwischen den Strategien i $(1 \leqslant i \leqslant m)$ und Spieler B zwischen den Strategien j $(1 \leqslant j \leqslant n)$, so läßt sich eine Spielmatrix vom Typ (m, n) aufstellen. Die Elemente s_{ij} der Matrix geben den Betrag der Auszahlung an, der fällig ist, wenn A die Strategie i und B die Strategie j wählt. $s_{ij} > 0$ bedeutet, daß A diesen Betrag an B bezahlen muß, entsprechend $s_{ij} < 0$ den Gewinn von A und Verlust von B. Wählt z.B. beim Spiel

$$S = \begin{pmatrix} 0 & -3 & 5 & -9 \\ 0 & -3 & 5 & -9 \\ 15 & -8 & -2 & 10 \\ 7 & 10 & 6 & 9 \\ 6 & 11 & -3 & 2 \end{pmatrix} \qquad \begin{matrix} \text{Zeilenminimum} \\ 0 \\ -2 \\ 6 \\ -3 \end{matrix}$$

Spalten-
maximum $\quad 15 \quad 11 \quad 6 \quad 2$

A die Strategie 2, so wird B die Strategie 4 wählen, da er in diesem Fall 11 DM erhält. Natürlich wird A seine Wahl so ausführen, daß seine Verluste minimal werden. Wie man sieht, sind seine maximalen Zahlungen genau durch die Spaltenmaxima gegeben. Entsprechend geben die Zeilenminima die minimalen Gewinne von B an. A sucht somit das Minimum unter allen Spaltenmaxima, B entsprechend die Maxima der Zeilenminima.

Stimmt in einem Spiel wie oben das Minimum der Spaltenmaxima mit dem Maximum der Zeilenminima — hier $s_{33} = 6$ — überein, so ist das Spiel determiniert. Das entsprechende Element heißt der Sattelpunkt mit

$$\min_{j} \max_{i} s_{ij} = \max_{i} \min_{j} s_{ij}.$$

Der Wert des Sattelpunktes heißt auch der Wert des Spiels v. Hier gilt v = 6, da A bestenfalls 6 DM verliert und B soviel gewinnt.

Hat das Spiel keinen Sattelpunkt, so wird A keine feste Strategie, sondern eine gemischte Strategie wählen, ebenso wie B. Sind p_i bzw. q_j die Wahrscheinlichkeiten, mit denen A und B die Strategien i bzw. j wählen, so ergibt sich der Erwartungswert der Auszahlung durch die Bilinearform

$$E(p, q) = p^T S q.$$

Handelt A im Spiel

$$S = \begin{pmatrix} 3 & 5 & -2 & -1 \\ -2 & 4 & -3 & -4 \\ 6 & 5 & 0 & 3 \end{pmatrix}$$

gemäß dem Wahrscheinlichkeitsvektor $p = (\frac{1}{6}, \frac{1}{3}, \frac{1}{2})^T$ und B nach $q = (\frac{1}{4}, \frac{1}{4}, \frac{1}{3}, \frac{1}{6})^T$, so muß wegen

$$p^T S q = \frac{13}{72}$$

A mit einem durchschnittlichen Verlust von ca. 0,18 DM rechnen. Es erhebt sich die Frage, ob es auch für andere als Sattelpunkt-Spiele eine Strategie p für A gibt, die seine Auszahlung minimiert. Tatsächlich gibt es nach dem Haupttheorem der 2-Personen-Nullsummenspiele [35] optimale Strategien p^*, q^* für A und B, so daß gilt

$$E(p^*, q) \geq E(p^*, q^*) \geq E(p, q^*)$$

für beliebige Strategien p, q. $E(p^*, q^*) = v$ heißt der Wert des Spiels; im Fall eines Sattelpunktspiels stimmt v mit der angegebenen Definition überein.

Die Lösungen von

$$E(p^*, q) \geq v$$

$$v \geq E(p, q^*)$$

können aus den Ungleichungssystemen

$$\sum_{i=1}^{m} p_i s_{ij} \geq v \quad \text{mit } p_i \geq 0, \ \sum_{i=1}^{m} p_i = 1$$

bzw.

$$\sum_{j=1}^{n} s_{ij} q_j \leq v \quad \text{mit } q_j \geq 0, \ \sum_{j=1}^{n} q_j = 1$$

bestimmt werden.

Ist der Wert v des Spiels positiv, so läßt sich schreiben

$$\sum_{i=1}^{m} u_i s_{ij} \geq 1 \qquad \text{mit } \frac{p_i}{v} = u_i \tag{1}$$

bzw.

$$\sum_{j=1}^{n} s_{ij} w_j \leq 1 \qquad \text{mit } \frac{q_j}{v} = w_j. \tag{2}$$

Da A seine Auszahlungen minimieren will, muß gelten

$$\sum_{i=1}^{m} u_i = \frac{1}{v} \to \text{Minimum} \tag{3}$$

entsprechend

$$\sum_{j=1}^{n} w_i = \frac{1}{v} \rightarrow \text{Maximum}. \tag{4}$$

Zusammen mit den Bedingungen aus (1) und (2)

$$\sum_{i=1}^{m} u_i s_{ij} \geqslant 1, \quad u_i \geqslant 0$$

und

$$\sum_{j=1}^{n} s_{ij} w_j \leqslant 1, \quad w_j \geqslant 0$$

erhält man damit ein lineares Optimierungsproblem, das mit der Simplexmethode gelöst werden kann. Damit wie vorausgesetzt $v > 0$ gilt, müssen negative Spielmatrizen durch Addition einer positiven Zahl a zu allen Elementen positiv gemacht werden. Den Wert des ursprünglichen Spiels erhält man dann wieder durch Subtraktion von a.

Beispiel aus [35]: Gegeben sei die Spielmatrix

$$\mathbf{S} = \begin{pmatrix} 1 & -1 & 3 \\ 3 & 5 & -3 \\ 6 & 2 & -2 \end{pmatrix}.$$

Da $\mathbf{S}$ negativ ist, muß die Matrix durch Addition von 4 zu allen Elementen positiv gemacht werden

$$\mathbf{S}' = \begin{pmatrix} 5 & 3 & 7 \\ 7 & 9 & 1 \\ 10 & 6 & 2 \end{pmatrix}.$$

Die optimale Strategie von B ist nun gegeben durch

$$z = w_1 + w_2 + w_3 \rightarrow \text{Max}$$

mit

$$\begin{aligned} 5w_1 + 3w_2 + 7w_3 &\leqslant 1 \\ 7w_1 + 9w_2 + w_3 &\leqslant 1 \quad \mathbf{w} \geqslant 0. \\ 10w_1 + 6w_2 + 2w_3 &\leqslant 1 \end{aligned}$$

Optimale Lösung ist $\mathbf{w} = (0, 0.1, 0.1)^T$ mit $z_{max} = 0.2$.

Somit gilt wegen (4)

$$v' = \frac{1}{z_{max}} = 5 \quad \text{oder} \quad v = 1.$$

Mit (2) folgt schließlich

$$\mathbf{q} = \mathbf{w} v' = (0, 0.5, 0.5)^T.$$

Die optimale Strategie von A ist gegeben durch die duale Aufgabe:

$$z = u_1 + u_2 + u_3 \to \text{Min}$$

mit

$$5u_1 + 7u_2 + 10u_3 \geqslant 1$$
$$3u_1 + 9u_2 + 6u_3 \geqslant 1 \quad u \geqslant 0$$
$$7u_1 + u_2 + 2u_3 \geqslant 1 .$$

Lösung ist

$$u = \left(\frac{2}{15}, \frac{1}{15}, 0\right)^T$$

und somit die optimale Strategie

$$p = uv' = \left(\frac{2}{3}, \frac{1}{3}, 0\right)^T .$$

Im Programm wird das angegebene Beispiel berechnet. Einzugeben ist „Max" oder „Min", je nachdem ob es um den Spieler B oder A geht. Bei der Minimierungsaufgabe muß, wie im Beispiel angegeben, die Transponierte der Matrix eingegeben werden.

```
100 REM Matrix-Spiel
110 :
120 READ P$: REM Minimum oder Maximum
130 IF P$<>"MIN" AND P$<>"MAX" THEN
            PRINT"MIN oder MAX eingeben":END
140 READ M,N:REM Typ der Spielmatrix
150 N1=N+M+1
160 IF P$="MIN" THEN M1=N+1:GOTO 180
170 M1=M+1
180 DIM BV(M1),A(M1,N1),X(N1)
190 :
200 CLS:PRINT"  ***      Matrix-Spiel    ***"
210 REM Einlesen der Spielmatrix
220 FOR I=1 TO M
230 FOR J=1 TO N
240 IF P$="MIN" THEN READ A(J,I):GOTO 260
250 READ A(I,J)
260 NEXT J
270 NEXT I
280 :
290 PRINT"Spielmatrix"
300 FOR I=1 TO M
310 FOR J=1 TO N
320 IF P$="MIN" THEN PRINT A(J,I);:GOTO 340
330 PRINT A(I,J);
```

```
340 NEXT J:PRINT
350 NEXT I:PRINT
360 :
370 FOR I=1 TO M
380 IF P$="MIN" THEN A(M1,I)=1:GOTO 400
390 A(I,N1)=1
400 NEXT I
410 FOR J=1 TO N
420 IF P$="MIN" THEN A(J,N1)=1:GOTO 440
430 A(M1,J)=1
440 NEXT J
450 IF P$="MIN" THEN HI=M:GOTO 470
460 HI=N
470 FOR J=1 TO HI
480 A(M1,J)=-A(M1,J)
490 NEXT J
500 A(M1,N1)=0
510 :
520 :
530 REM Transformation auf positive Matrix
540 MN=9999
550 FOR I=1 TO M
560 FOR J=1 TO N
570 IF P$="MIN" THEN IF A(J,I)<MN THEN MN=A(J,I):GOTO 590
580 IF A(I,J)<MN THEN MN=A(I,J)
590 NEXT J
600 NEXT I
610 IF MN>0 THEN 760
620 FOR I=1 TO M
630 FOR J=1 TO N
640 IF P$="MIN" THEN A(J,I)=A(J,I)-MN+1:GOTO 660
650 A(I,J)=A(I,J)-MN+1
660 NEXT J
670 NEXT I
680 PRINT"Transformation auf positive Matrix"
690 FOR I=1 TO M
700 FOR J=1 TO N
710 IF P$="MIN" THEN PRINT A(J,I);:GOTO 730
720 PRINT A(I,J);
730 NEXT J:PRINT
740 NEXT I:PRINT
750 :
760 REM Aufruf Simplex-Prozedur
770 GOSUB 5000
780 :
790 Y1=1/Z:Y=Y1+MN-1
800 PRINT"Wert des Spiels=";Y
810 PRINT:PRINT "Loesung nach";IT;"Schritten:"
820 PRINT"Optimale Strategie:"
```

```
830 FOR J=1 TO N
840 IF P$="MIN" THEN 910
850 V=0
860 FOR I=1 TO M
870 IF BV(I)=J THEN V=I:I=M
880 NEXT I
890 IF V=0 THEN X=0:GOTO 920
900 X=A(V,N1):GOTO 920
910 X=A(M1,M+J)
920 X(J)=X*Y1
930 PRINT X(J);
940 NEXT J:PRINT
950 :
960 END
970 :
980 DATA MAX
990 DATA 3,3
1000 :
1010 DATA 1,-1,3
1020 DATA 3,5,-3
1030 DATA 6,2,-2
```

```
    ***      Matrix-Spiel     ***
Spielmatrix
  1 -1   3
  3   5 -3
  6   2 -2


Transformation auf positive Matrix
  5   3   7
  7   9   1
 10   6   2


Wert des Spiels= 1

Loesung nach 5 Schritten:
Optimale Strategie:
  0  .5  .5
Ok
```

```
   ***       Matrix-Spiel    ***
Spielmatrix
  1   3   6
 -1   5   2
  3  -3  -2


Transformation auf positive Matrix
  5   7  10
  3   9   6
  7   1   2

Wert des Spiels= 1

Loesung nach 5 Schritten:
Optimale Strategie:
 .6666667   .3333333   0
Ok
```

10 Soziologie

10.1 Dominanzmatrix

Dominiert ein Individuum i über das Individuum j, z.B. bei einem Tennisturnier, so heißt die zugehörige Relationsmatrix *Dominanzmatrix*; der entsprechend gerichtete Graph *Turnier*.

Dominanzmatrizen müssen folgende Eigenschaften erfüllen:

(1) Diagonalelemente müssen verschwinden, da kein Individuum über sich selbst dominiert;

(2) symmetrisch liegende Matrixelemente dürfen nicht gleich sein, da nur i über j oder j über i dominieren kann.

Es läßt sich zeigen, daß alle Dominanzbeziehungen höchstens zweistufig sind [24]. Zweistufige Dominanzen werden durch das Quadrat der Dominanzmatrix $\mathbf{D}$ bestimmt. Ein Maß für die Dominanz des Individuums i ist daher die i-te Zeilensumme von

$$\mathbf{D} + \mathbf{D}^2.$$

Für die Dominanzmatrix

$$\mathbf{D} = \begin{pmatrix} 0 & 1 & 0 & 1 \\ 0 & 0 & 1 & 0 \\ 1 & 0 & 0 & 0 \\ 0 & 1 & 1 & 0 \end{pmatrix}$$

folgt mit

$$\mathbf{D}^2 = \begin{pmatrix} 0 & 1 & 2 & 0 \\ 1 & 0 & 0 & 0 \\ 0 & 1 & 0 & 1 \\ 1 & 0 & 1 & 0 \end{pmatrix}$$

$$\begin{array}{cc} & \text{Zeilensumme} \\ \mathbf{D} + \mathbf{D}^2 = \begin{pmatrix} 0 & 2 & 2 & 1 \\ 1 & 0 & 1 & 0 \\ 1 & 1 & 0 & 1 \\ 1 & 1 & 2 & 0 \end{pmatrix} & \begin{array}{c} 5 \\ 2 \\ 3 \\ 4 \end{array} \end{array}$$

Somit hat Spieler 1 den größten Dominanzgrad, er kann daher als Bester betrachtet werden.

Als Programmbeispiel wird folgende Dominanzmatrix eines Turniers behandelt

$$\begin{pmatrix} 0 & 1 & 0 & 0 & 1 & 1 & 1 \\ 0 & 0 & 1 & 1 & 1 & 0 & 1 \\ 1 & 0 & 0 & 1 & 0 & 1 & 0 \\ 1 & 0 & 0 & 0 & 1 & 1 & 1 \\ 0 & 0 & 1 & 0 & 0 & 0 & 0 \\ 0 & 1 & 0 & 0 & 1 & 0 & 1 \\ 0 & 0 & 1 & 0 & 1 & 0 & 0 \end{pmatrix}.$$

Wie der Programmausdruck zeigt, haben die Spieler 1 bis 4 dieselbe Spielstärke. Die Dominanzmatrix ist wieder in Form von DATA-Werten einzugeben; beim Einlesen wird geprüft, ob die Eigenschaften (1) und (2) erfüllt sind.

```
100 REM DOMINANZMATRIX
110 :
120 READ N:REM ORDNUNG DER MATRIX
130 DIM D(N,N)
140 :
150 FOR I=1 TO N
160 FOR J=1 TO N
170 READ A(I,J)
180 NEXT J
190 NEXT I
200 :
210 REM EINGABEPRUEFUNG
220 FOR I=1 TO N
230 IF A(I,I)<>0 THEN 300
240 FOR J=I TO N
250 IF I=J THEN 270
260 IF A(I,J)=A(J,I) THEN 300
270 NEXT J
280 NEXT I
290 GOTO 320
300 PRINT"KEINE DOMINANZMATRIX":END
310 :
320 REM QUADRAT+SUMME DER DOMINANZMATRIX
330 FOR I=1 TO N
340 FOR J=1 TO N
350 S=0
360 FOR K=1 TO N
370 S=S+A(I,K)*A(K,J)
380 NEXT K
390 D(I,J)=S+A(I,J)
400 NEXT J
410 NEXT I
420 :
430 PRINT"DOMINANZGRAD DER GRUPPENMITGLIEDER:"
440 FOR I=1 TO N
450 S=0
460 FOR J=1 TO N
```

```
470 S=S+D(I,J)
480 NEXT J
490 P(I)=S:PRINT "D(";I;")=";S
500 NEXT I
510 END
520 :
530 DATA 7
540 DATA 0,1,0,0,1,1,1
550 DATA 0,0,1,1,1,0,1
560 DATA 1,0,0,1,0,1,0
570 DATA 1,0,0,0,1,1,1
580 DATA 0,0,1,0,0,0,0
590 DATA 0,1,0,0,1,0,1
600 DATA 0,0,1,0,1,0,0
READY.
```

```
DOMINANZMATRIX


DOMINANZGRAD DER GRUPPENMITGLIEDER:
D( 1 )= 14
D( 2 )= 14
D( 3 )= 14
D( 4 )= 14
D( 5 )= 4
D( 6 )= 10
D( 7 )= 6
```

10.2 Erkennung von Cliquen

Bilden mehrere Personen eine Gemeinschaft, so soll unter einer Clique die größtmögliche Gruppe von mindestens 3 Mann verstanden werden, bei der je 2 Gruppenmitglieder miteinander kommunizieren. Die Relationsmatrix der Beziehung „i steht in Kontakt mit j" nennt man die *Kommunikationsmatrix*. Die Spur einer Kommunikationsmatrix muß verschwinden, da niemand mit sich selbst Kontakt haben kann. Da Kontakte auf Gegenseitigkeit beruhen, interessiert man sich hier auf die Symmetriebeziehung innerhalb der Kommunikation. Dazu führt man den sogenannten symmetrischen Kern einer Relationsmatrix ein. Der symmetrische Kern **B** einer Matrix **A** wird definiert als

$$b_{ij} = \begin{cases} 1 & \text{wenn } a_{ij} = a_{ji} = 1 \\ 0 & \text{sonst} \end{cases} .$$

Da Cliquenmitglieder, gemäß der anfangs gemachten Definition, eine mindestens 3 Personen umfassende Kommunikation vollführen, berechnet man die 3. Potenz des symmetrischen Kerns **B**. Das Individuum i gehört somit genau dann zu einer Clique, wenn das Diagonalelement $b_{ii}^{(3)}$ der Matrix $\mathbf{B}^3$ nicht verschwindet.

Es läßt sich zeigen, daß gilt

$$b_{ii}^{(3)} = (m-1)(m-2),$$

wenn das Individuum i genau zu einer m Personen umfassenden Clique gehört [13].
Für die Kommunikationsmatrix

$$\begin{pmatrix} 0 & 1 & 0 & 0 & 0 & 1 & 0 \\ 1 & 0 & 1 & 1 & 0 & 1 & 1 \\ 0 & 1 & 0 & 1 & 0 & 0 & 0 \\ 0 & 1 & 1 & 0 & 1 & 1 & 1 \\ 0 & 0 & 0 & 1 & 0 & 1 & 0 \\ 1 & 1 & 0 & 1 & 1 & 0 & 1 \\ 0 & 1 & 0 & 1 & 0 & 1 & 0 \end{pmatrix}$$

liefert das Programm die Aussagen:

Person 1 in einer 3-Mann-Clique
Person 2 in mindestens einer Clique
Person 3 in einer 3-Mann-Clique
Person 4 in mindestens einer Clique
Person 5 in einer 3-Mann-Clique
Person 6 in mindestens einer Clique
Person 7 in einer 4-Mann-Clique

Daraus folgt, daß die Personen 1, 3 und 5 eine 3 Leute umfassende Clique bilden. Da Person 2, 4 und 6 sich jeweils in einer Clique befinden und 7 zu einer 4-Mann-Gruppe gehört, bilden die Leute 2, 4, 6 und 7 die Viererclique. Damit sind alle Aussagen unter einen Hut gebracht.

```
100 REM ERKENNUNG VON CLIQUEN
110 :
120 READ N:REM ORDNUNG DER KOMM.MATRIX
130 DIM K(N,N),S(N,N),T(N,N)
140 :
150 REM KOMMUNIKATIONSMATRIX
160 FOR I=1 TO N
170 FOR J=1 TO N
180 READ K(I,J)
190 NEXT J
200 IF K(I,I)=1 THEN PRINT"FEHLER":END
210 NEXT I
220 :
230 REM SYMMETRISCHER KERN
240 FOR I=1 TO N
250 FOR J=I TO N
260 P=K(I,J)*K(J,I)
270 S(I,J)=P:S(J,I)=P
280 NEXT J
290 NEXT I
300 :
310 REM QUADRAT
320 FOR I=1 TO N
330 FOR J=1 TO N
340 S=0
```

```
350 FOR K=1 TO N
360 S=S+S(I,K)*S(K,J)
370 NEXT K
380 T(I,J)=S
390 NEXT J
400 NEXT I
410 :
420 REM 3.POTENZ
430 FOR I=1 TO N
440 FOR J=1 TO N
450 S=0
460 FOR K=1 TO N
470 S=S+T(I,K)*S(K,J)
480 NEXT K
490 K(I,J)=S
500 NEXT J
510 NEXT I
520 :
530 FOR I=1 TO N
540 K=K(I,I)
550 IF K=0 THEN 600
560 M=(3+SQR(1+4*K))/2:M1=INT(M+.5)
570 IF ABS(M1-M)< 1E-6 THEN 590
580 PRINT"PERSON";I;"IN MIND.1 CLIQUE":GOTO 600
590 PRINT"PERSON";I;"IN EINER";M1;"MANN-CLIQUE"
600 NEXT I
610 END
620 :
630 DATA 7
640 DATA 0,1,0,0,0,1,0
650 DATA 1,0,1,1,0,1,1
660 DATA 0,1,0,1,0,0,0
670 DATA 0,1,1,0,1,1,1
680 DATA 0,0,0,1,0,1,0
690 DATA 1,1,0,1,1,0,1
700 DATA 0,1,0,1,0,1,0
READY.
```

CLIQUEN-ERKENNUNG

```
PERSON 1 IN EINER 3 MANN-CLIQUE
PERSON 2 IN MIND.1 CLIQUE
PERSON 3 IN EINER 3 MANN-CLIQUE
PERSON 4 IN MIND.1 CLIQUE
PERSON 5 IN EINER 3 MANN-CLIQUE
PERSON 6 IN MIND.1 CLIQUE
PERSON 7 IN EINER 4 MANN-CLIQUE
```

11 Codierungstheorie

11.1 Erzeugung von Codewörtern

Wie z.B. von den internationalen Buchnummern ISBN bekannt ist, ist das letzte Zeichen keine Ziffer der Zahl, sondern eine sogenannte Kontrollzahl, aufgrund der man gewisse Schreibfehler – wie Ziffernvertauschung – entdecken kann. Fügt man mehrere Prüfstellen hinzu, so kann man unter Umständen sogar angeben, welche Ziffer falsch ist. Eine solche Verschlüsselung nennt man einen *Code*; werden dabei nur die Zeichen $\{0, 1\}$ verwendet so spricht man von einem *Binärcode*.

Besonders einfache Codes sind Linearcodes; sie stellen einen Untervektorraum U von $\{0, 1\}^n$ dar. Ist k die Dimension von U, so heißt der Code ein (n, k)-Code. Faßt man k Basisvektoren von U zu einer Matrix zusammen, so erhält man die sogenannte Generator- oder Basismatrix vom Typ (k, n). Eine mögliche Generatormatrix eines (7, 4)-Codes ist

$$\mathbf{B} = \begin{pmatrix} 1 & 0 & 0 & 0 & 1 & 1 & 0 \\ 0 & 1 & 0 & 0 & 1 & 0 & 1 \\ 0 & 0 & 1 & 0 & 0 & 1 & 1 \\ 0 & 0 & 0 & 1 & 1 & 1 & 1 \end{pmatrix}.$$

Ist die Nachricht eine vierstellige Binärzahl

$$x_1 x_2 x_3 x_4,$$

so ergibt sich durch Multiplikation mit der Generatormatrix die codierte Nachricht

$$x_1 x_2 x_3 x_4 y_5 y_6 y_7,$$

da die ersten 4 Spalten von $\mathbf{B}$ die Einheitsmatrix enthalten. Die ersten 4 Spalten nennt man hier die Informations-, die anderen die Kontrollstellen. Die Nachricht $x = (1, 1, 0, 1)^T$ wird mittels

$$y = x^T \mathbf{B}$$

zu

$$y = (1, 1, 0, 1, 1, 0, 0)^T.$$

Decodiert wird diese Nachricht, indem man einfach die letzten drei Stellen wegstreicht.

Aus Gründen der Fehlererkennung permutiert man die Spalten und erhält z.B.

$$\begin{pmatrix} 1 & 1 & 1 & 0 & 0 & 0 & 0 \\ 1 & 0 & 0 & 1 & 1 & 0 & 0 \\ 0 & 1 & 0 & 1 & 0 & 1 & 0 \\ 1 & 1 & 0 & 1 & 0 & 0 & 1 \end{pmatrix}.$$

Die Spalten der Einheitsmatrix stellen nun an 3., 5., 6. und 7. Stelle. Die verbleibenden Stellen sind somit die Kontrollstellen. Die Nachricht $x = (1, 1, 0, 1)^T$ wird damit zu

$$y = (1, 0, 1, 0, 1, 0, 1)^T$$

verschlüsselt.

Um alle Codewörter des linearen (7, 4)-Code zu erzeugen, multipliziert man alle möglichen binären Quadrupel mit der angegebenen Generatormatrix. Der im Programm verwendete Algorithmus zur Erzeugung aller möglichen 01-Tupel wird durch das Struktogramm beschrieben. Der Codewörtervorrat kann dem Programmausdruck entnommen werden.

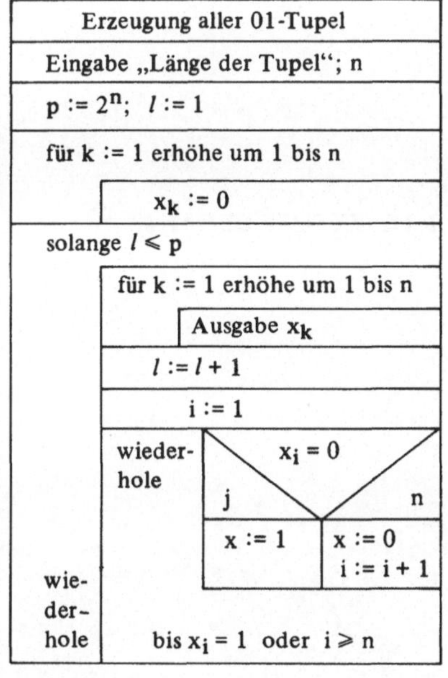


```
100 REM ERZEUGUNG VON CODEWOERTER
110 :
120 READ N,M:REM BASISMATRIX
130 DIM B(N,M),X(N),Y(M)
140 :
150 FOR I=1 TO N
160 FOR J=1 TO M
170 READ B(I,J)
180 NEXT J
190 NEXT I
200 :
210 REM STARTWERTE
220 P=2↑N
230 L=1
240 FOR K=1 TO N
250 X(K)=0
260 NEXT K
270 :
280 REM HAUPTPROGRAMM
290 PRINT"   DUAL        CODEWORT"
300 FOR K=1 TO N
310 PRINT X(K);
320 NEXT K:PRINT"    ";
330 GOSUB 520
340 FOR K=1 TO M
350 PRINT Y(K);
360 NEXT K:PRINT
370 L=L+1
380 IF L>P THEN END
390 GOSUB 420
400 GOTO 300
410 :
420 REM ERZEUGUNG DER 01-TUPEL
430 I=1
440 IF X(I)<>0 THEN 470
450 X(I)=1
460 GOTO 500
470 X(I)=0
480 I=I+1
```

```
490 IF I<=N THEN 440
500 RETURN
510 :
520 REM MULTIPLIKATION MIT BASISMATRIX
530 FOR I=1 TO M
540 S=0
550 FOR J=1 TO N
560 S=S+X(J)*B(J,I)
570 NEXT J
580 Y(I)=S-INT(S/2)*2
590 NEXT I
600 RETURN
610 :
620 DATA 4,7
630 DATA 1,1,1,0,0,0,0
640 DATA 1,0,0,1,1,0,0
650 DATA 0,1,0,1,0,1,0
660 DATA 1,1,0,1,0,0,1
```

ERZEUGUNG VON CODEWOERTERN

```
    DUAL              CODEWORT
0 0 0 0         0 0 0 0 0 0 0
1 0 0 0         1 1 1 0 0 0 0
0 1 0 0         1 0 0 1 1 0 0
1 1 0 0         0 1 1 1 1 0 0
0 0 1 0         0 1 0 1 0 1 0
1 0 1 0         1 0 1 1 0 1 0
0 1 1 0         1 1 0 0 1 1 0
1 1 1 0         0 0 1 0 1 1 0
0 0 0 1         1 1 0 1 0 0 1
1 0 0 1         0 0 1 1 0 0 1
0 1 0 1         0 1 0 0 1 0 1
1 1 0 1         1 0 1 0 1 0 1
0 0 1 1         1 0 0 0 0 1 1
1 0 1 1         0 1 1 0 0 1 1
0 1 1 1         0 0 0 1 1 1 1
1 1 1 1         1 1 1 1 1 1 1
```

11.2 Decodierung von Codewörtern

Hat die Basis- oder Generatormatrix des (n, k)-Codes die Form

$$B = (E \mid A),$$

so stellt die Matrix

$$K = (A^T \mid E)$$

vom Typ $(n - k, n)$ die sogenannte Kontrollmatrix dar. Mit ihrer Hilfe kann entschieden werden, ob ein Codewort gestört ist oder nicht. Dazu wird die Kontrollmatrix K von rechts mit dem Codewort multipliziert

$$S(y) = Ky.$$

Das Produkt, *Syndrom* genannt liefert genau dann den Nullvektor, wenn das Codewort korrekt ist.

Für die Generatormatrix

$$B = \begin{pmatrix} 1 & 0 & 0 & 0 & 1 & 1 & 0 \\ 0 & 1 & 0 & 0 & 1 & 0 & 1 \\ 0 & 0 & 1 & 0 & 0 & 1 & 1 \\ 0 & 0 & 0 & 1 & 1 & 1 & 1 \end{pmatrix}$$

ergibt sich die Kontrollmatrix

$$K = \begin{pmatrix} 1 & 1 & 0 & 1 & 1 & 0 & 0 \\ 1 & 0 & 1 & 1 & 0 & 1 & 0 \\ 0 & 1 & 1 & 1 & 0 & 0 & 1 \end{pmatrix} .$$

Das Codewort

$$y = (1, 1, 0, 1, 1, 0, 0)^T$$

liefert das Syndrom

$$S(y) = Ky = 0.$$

Es ist somit korrekt. Ordnet man die Spalten der Generatormatrix um, wie im Programm 30 angegeben, so zeigt das Syndrom für $S(y) = 0$ sogar die gestörte Stelle an [17] [18] [28]. Dabei wird vorausgesetzt, daß Störungen immer eine Stelle betreffen. Der so erhaltene Code ist ein (7, 4, 3)-Hamming-Code. Die zugehörige Kontrollmatrix ist

$$K = \begin{pmatrix} 0 & 0 & 0 & 1 & 1 & 1 & 1 \\ 0 & 1 & 1 & 0 & 0 & 1 & 1 \\ 1 & 0 & 1 & 0 & 1 & 0 & 1 \end{pmatrix} .$$

Sie enthält die Dualzahlen 001 bis 111, aufsteigend geordnet als Spaltenvektoren.
Wird z.B. das Codewort

$$y = (1, 1, 1, 1, 0, 0, 0)^T$$

empfangen, so berechnet sich das Syndrom zu

$$S(y) = Ky = \begin{pmatrix} 1 \\ 0 \\ 0 \end{pmatrix} .$$

Dies ist die Dualdarstellung der Zahl 4; y ist somit an der 4. Stelle gestört und wird damit korrigiert zu

$$y = (1, 1, 1, 0, 0, 0, 0)^T .$$

Da K die Einheitsmatrix in den Spalten 1, 2 und 4 enthält, sind die entsprechenden Stellen die Kontrollstellen von y. Streicht man diese Kontrollstellen, so erhält man die gesendete Nachricht

$$x = (1, 0, 0, 0)^T .$$

Beim Programm ist zu beachten, daß sich bei Eingabe einer anderen Kontrollmatrix auch die Informationsstellen in Zeile 550 ändern.

```
100 REM DECODIERUNG VON CODEWOERTERN
110 :
120 READ M,N:REM ORDNUNG D.KONTROLLMATRIX
130 FOR I=1 TO M
140 FOR J=1 TO N
150 READ C(I,J)
160 NEXT J
170 NEXT I
180 :
190 INPUT"EMPFANGENES WORT";W$
200 IF LEN(W$)=N THEN 220
210 PRINT"EINGABEFEHLER":END
220 FOR I=1 TO N
230 X(I)=VAL(MID$(W$,I,1))
240 NEXT I
250 :
260 REM BERECHNUNG DES SYNDROMS
270 FOR I=1 TO M
280 S=0
290 FOR J=1 TO N
300 S=S+C(I,J)*X(J)
310 NEXT J
320 Y(I)=S-INT(S/2)*2
330 NEXT I
340 :
350 REM PRUEFUNG AUF FEHLERSTELLE
360 F=0:S=0
370 FOR I=1 TO M
380 F=F+Y(I)
390 S=S+Y(I)*2↑(M-I)
400 NEXT I:PRINT
410 IF F=0 THEN PRINT"KORREKT":GOTO 520
420 :
430 REM KORREKTUR
440 PRINT"FEHLER AN STELLE";S
450 IF X(S)=0 THEN X(S)=1:GOTO 470
460 X(S)=0
470 PRINT:PRINT"KORRIGIERTES CODEWORT";
480 FOR I=1 TO N
490 PRINT X(I);
500 NEXT I
510 :
520 REM DEKODIERUNG
530 PRINT:PRINT"NACHRICHT=";
540 PRINTX(3);X(5);X(6);X(7):REM INFORM.STELLEN
550 :
560 DATA 3,7
570 DATA 0,0,0,1,1,1,1
580 DATA 0,1,1,0,0,1,1
590 DATA 1,0,1,0,1,0,1
READY.
```

DECODIERUNG V. CODEWOERTERN

EMPFANGENES WORT? 1100110

KORREKT

NACHRICHT= 0110

EMPFANGENES WORT? 1111010

FEHLER AN STELLE 2

KORRIGIERTES CODEWORT 1011010
NACHRICHT= 1010

12 Kryptologie

12.1 Verschlüsselung nach Hill

Hill führte 1929 Matrixmethoden zur Verschlüsselung von Nachrichten ein. Ordnet man n^2 Schlüsselzahlen zu einer Matrix an, so verschlüsselt man eine Nachricht, indem die Nummern der Buchstaben (im Alphabet beginnend mit A = 0) zu einem Vektor zusammenfaßt und mit der Matrix multipliziert werden. Ist das Wort länger als die Spaltenvektoren der Matrix, so zerlegt man das Wort in mehrere Blöcke. Rechnet man bei dem Matrixprodukt modulo 26, so wird jeder Nummer im Alphabet wieder eine solche zugeordnet. Ist **H** diese Verschlüsselungsmatrix, so ist die Codierung eindeutig, wenn gilt

$$\text{ggT}\,(\det(\mathbf{H}),\,26) = 1\ [18],\,[28].$$

Ist

$$\mathbf{H} = \begin{pmatrix} 25 & 2 & 16 \\ 2 & 25 & 10 \\ 16 & 10 & 3 \end{pmatrix},$$

so wird das Wort „ZUG" verschlüsselt mit Z = 25, U = 20, G = 6

$$\begin{pmatrix} 25 & 2 & 16 \\ 2 & 25 & 10 \\ 16 & 10 & 3 \end{pmatrix} \begin{pmatrix} 25 \\ 20 \\ 6 \end{pmatrix} = \begin{pmatrix} 7 \\ 12 \\ 20 \end{pmatrix} \bmod 26$$

zu „HMU". Die Entschlüsselung erfolgt dann durch Multiplikation mit der inversen Matrix $\mathbf{H}^{-1}$. Besonders einfach wird dies, wenn **H** involutorisch ist. Dann folgt

$$\mathbf{H}^2 = \mathbf{E}$$

oder

$$\mathbf{H} = \mathbf{H}^{-1}.$$

Für das eben genannte Beispiel erhält man, da hier **H** involutorisch gewählt wurde

$$\begin{pmatrix} 25 & 2 & 16 \\ 2 & 25 & 10 \\ 6 & 10 & 3 \end{pmatrix} \begin{pmatrix} 7 \\ 12 \\ 20 \end{pmatrix} = \begin{pmatrix} 25 \\ 20 \\ 6 \end{pmatrix} \bmod 26,$$

also wieder die ursprüngliche Nachricht „ZUG".

Die Zahl involutorischer Matrizen mod 26 wächst sehr stark mit der Ordnung n. Für n = 2 gibt es nur 22, für n = 3 bereits 1360832 Matrizen der angegebenen Art [28]. Eine Decodierung durch systematisches Ausprobieren ist daher sehr zeitaufwendig und im Fall n = 4 auch für Großrechenanlagen nicht durchführbar.

Ist die Wortlänge der Nachricht kein Vielfaches von 3, so wird das Wort durch "X" ergänzt.

Für die Umwandlung von Buchstaben in ihre alphabetische Numerierung stellen die meisten Mikrocomputer eigene Funktionen bereit. Da dem Buchstaben "A" im ASCII-Code die Zahl 65 zugeordnet ist, muß von der jeweiligen ASCII-Codenummer 65 subtrahiert werden. Bei der Decodierung muß entsprechend 65 addiert werden.

Als Programmbeispiel wird das Wort VERSCHUESSELUNGSMATRIX codiert zu

ZALURPQYEGMDCZOKAYVHQPL.

Im Programm wird die Ver- und Entschlüssung im selben Programmstück durchgeführt; dies setzt voraus, daß die eingegebene Verschlüsselungsmatrix involutorisch mod 26 ist. Ist dies nicht der Fall, so muß die Decodierung in einem eigenen Programmteil durchgeführt werden.

```
100 REM VERSCHUESSELUNG NACH HILL
110 :
120 DIM A(3,3)
130 REM VERSCHLUESSELUNGSMATRIX
140 FOR I=1 TO 3
150 FOR J=1 TO 3
160 READ A(I,J)
170 NEXT J
180 NEXT I
190 :
200 PRINT"NACHRICHT ?":INPUT N$
210 N=LEN(N$)
220 :
230 REM ZERLEGEN IN 3-BLOECKE
240 R=N-INT(N/3)*3
250 IF R=0 THEN 300
260 N=N+3-R
270 FOR I=1 TO 3-R
280 N$=N$+"X"
290 NEXT I
300 DIM X(N),Y(N)
310 :
320 FOR I=1 TO N-2 STEP 3
330 X(I)=ASC(MID$(N$,I,1))-65
340 X(I+1)=ASC(MID$(N$,I+1,1))-65
350 X(I+2)=ASC(MID$(N$,I+2,1))-65
360 NEXT I
370 PRINT:PRINT"VERSCHLUESSELT:"
380 GOSUB 470
390 :
400 FOR I=1 TO N
410 X(I)=Y(I)
420 NEXT I
430 PRINT"ENTSCHLUESSELT:"
440 GOSUB 470
450 END
460 :
```

```
 470 REM VER-/ENTSCHLUESSELN
 480 FOR I=1 TO N-2 STEP 3
 490 FOR K=1 TO 3
 500 S=0:L=1
 510 FOR J=I TO I+2
 520 S=S+A(K,L)*X(J)
 530 L=L+1
 540 NEXT J
 550 S=S-INT(S/26)*26:Y(I+K-1)=S
 560 PRINT CHR$(S+65);
 570 NEXT K
 580 NEXT I
 590 PRINT:PRINT
 600 RETURN
 610 :
 620 DATA 25,2,16
 630 DATA 2,25,10
 640 DATA 16,10,3
READY.
```

```
VERSCHLUESSELUNG

NACHRICHT ?
? VERSCHLUESSELUNGSMATRIX

VERSCHLUESSELT:
ZALUARPQYEGMDCZOKAYVHQPL

ENTSCHLUESSELT:
VERSCHLUESSELUNGSMATRIXX
```

13 Wirtschaft – Operations Research

13.1 Leontief-Modell

Das *Leontief-Modell* ist ein Verfahren zur Produktionsplanung in einer verflochtenen Volkswirtschaft. Für diese 1939 geschaffene *Input-Output-Analyse* erhielt *W. Leontief* den Wirtschafts-Nobelpreis.

In einer Volkswirtschaft gebe es n Sektoren, in denen die Gütermengen x_i ($1 \leqslant i \leqslant n$) produziert werden. Sektor i liefert den relativen Anteil der Produktion a_{ij} an den Sektor j. Die für den Konsum übrig bleibenden Güter y_i ergeben sich aus der Differenz von Produktion und Eigenbedarf der einzelnen Wirtschaftszweige. Schreibt man dies in Matrixform, so gilt

$$x - Ax = y, \quad A \geqslant 0, x \geqslant 0, y \geqslant 0.$$

Dabei ist x der Produktionsvektor, A die Inputmatrix und y der Konsumvektor. Bei bekannter Produktion x läßt sich somit der verbleibende Konsum berechnen:

$$(E - A)x = y.$$

E – A heißt die *Leontief-Matrix*. Soll dagegen bei bekannten Konsum y die notwendige Produktion x berechnet werden, so muß obige Gleichung nach x aufgelöst werden:

$$x = (E - A)^{-1}y.$$

Dazu aber muß die Inverse der Leontief-Matrix existieren und nichtnegative Elemente haben. Diese Eigenschaften erfüllt die Input-Matrix, wenn gilt [31]

$$\| A \|_1 < 1.$$

Das Produkt

$$Ax$$

stellt dann den Eigenverbrauch der Wirtschaftszweige dar. Im Programm wird die inverse Leontief-Matrix nach dem in Programm Nr. 4 benutzten *Gauß-Jordan-Verfahren* berechnet. Im Programm wird folgendes Beispiel behandelt: Von 4 Gütern sollen die Stückzahlen

$$y = \begin{pmatrix} 1000 \\ 2000 \\ 3000 \\ 4000 \end{pmatrix}$$

zum Konsum bereitgestellt werden. Die relativen Anteile des Eigenverbrauchs sind durch die Inputmatrix gegeben:

$$A = \begin{pmatrix} 0.14 & 1.10 & 0.18 & 0.08 \\ 0.17 & 0.05 & 0.25 & 0.10 \\ 0.20 & 0.40 & 0.10 & 0.20 \\ 0.32 & 0.08 & 0.24 & 0.13 \end{pmatrix} .$$

Obwohl $\| A \|_1 > 1$, gibt es hier eine positive Lösung mit

$$x = \begin{pmatrix} 24865 \\ 13848 \\ 19549 \\ 20410 \end{pmatrix} .$$

Diese Stückzahlen müssen also produziert werden, um die durch den Konsumvektor gegebene Nachfrage zu befriedigen. Die Eigenverbrauchsmatrix kann dem Programmausdruck entnommen werden.

```
100 REM LEONTIEF-MODELL
110 :
120 READ N : REM ANZAHL DER GUETER
130 DIM X(N),Y(N),A(N,N),B(N,2*N),F(N,N)
140 FOR I=1 TO N
150 READ Y(I)   : REM KONSUMVEKTOR
160 NEXT I
170 FOR I=1 TO N
180 FOR J=1 TO N
190 READ A(I,J) : REM INPUT-MATRIX
200 NEXT J
210 NEXT I
220 :
230 FOR I=1 TO N
240 FOR J=1 TO N
250 IF I=J THEN F(I,J)=1-A(I,J):GOTO 270
260 F(I,J)=-A(I,J)
270 NEXT J
280 NEXT I
290 :
300 REM INVERSION VON F NACH GAUSS-JORDAN
310 FOR I=1 TO N
320 FOR J=1 TO N
330 B(I,J+N)=0
340 B(I,J)=F(I,J)
350 NEXT J
360 B(I,I+N)=1
370 NEXT I
380 FOR K=1 TO N
390 IF K=N THEN 500
400 M=K
410 FOR I=K+1 TO N
420 IF ABS(B(I,K))>ABS(B(M,K)) THEN M=I
```

```
430 NEXT I
440 IF M=K THEN 500
450 FOR J=K TO 2*N
460 B=B(K,J)
470 B(K,J)=B(M,J)
480 B(M,J)=B
490 NEXT J
500 FOR J=K+1 TO 2*N
510 B(K,J)=B(K,J)/B(K,K)
520 NEXT J
530 IF K=1 THEN 600
540 FOR I=1 TO K-1
550 FOR J=K+1 TO 2*N
560 B(I,J)=B(I,J)-B(I,K)*B(K,J)
570 NEXT J
580 NEXT I
590 IF K=N THEN 660
600 FOR I=K+1 TO N
610 FOR J=K+1 TO 2*N
620 B(I,J)=B(I,J)-B(I,K)*B(K,J)
630 NEXT J
640 NEXT I
650 NEXT K
660 FOR I=1 TO N
670 FOR J=1 TO N
680 B(I,J)=B(I,J+N)
690 NEXT J
700 NEXT I
710 :
720 FOR I=1 TO N
730 S=0
740 FOR J=1 TO N
750 S=S+B(I,J)*Y(J)
760 NEXT J
770 X(I)=S
780 NEXT I
790 :
800 PRINT"PRODUKTIONSVEKTOR:"
810 FOR I=1 TO N
820 PRINT INT(X(I)+.5)
830 NEXT I:PRINT
840 :
850 PRINT"EIGENVERBRAUCH:"
860 FOR I=1 TO N
870 FOR J=1 TO N
880 PRINT INT(A(I,J)*X(J)+.5);
890 NEXT J:PRINT
900 NEXT I
910 END
920 :
930 DATA 4
940 DATA 1000,2000,3000,4000
950 :
```

```
960 DATA .14,1.1,.18,.08
970 DATA .17,.05,.25,.10
980 DATA .20,.40,.10,.20
990 DATA .32,.08,.24,.13
READY.
```

```
LEONTIEF-MODELL

PRODUKTIONSVEKTOR:            EIGENVERBRAUCH:
  24865                        3481   15232   3519   1633
  13848                        4227    692    4887   2041
  19549                        4973   5539    1955   4082
  20410                        7957   1108    4692   2653
```

13.2 Gozinto-Matrix

Das folgende Verfahren dient zur Teilebedarfsrechnung eines Produktionsbetriebs. Das Vorgehen wird an einem Beispiel erläutert: Bei einer Fabrikation zweier Fertigprodukte werden drei Halbfertigprodukte, zwei Zwischenprodukte und drei Rohstoffe verwendet. Verbindet man in einer Skizze alle Güter mit denjenigen Teilen, aus denen sie zusammengesetzt sind und markiert alle Pfeile mit der jeweils benötigten Anzahl, so entsteht der unten gezeichnete *Gozinto-Graph*.

Dieser Graph wurde von *Vazsonyi* scherzhaft nach dem „berühmten italienischen Mathematiker *Zepartzat Gozinto*" benannt, der aber in Wirklichkeit jedoch nicht existiert. Der Name steht für "the part that goes into" und soll den Aufbau des Graphen kennzeichnen [27].

Bei den gezeigten Graphen wurden alle Teile durchnummeriert. Das Fertigprodukt 1 entsteht hier z.B. aus zwei Halbfertigteilen 3, einem Halbfertigteil 4 und einem Zwischenprodukt 6. Schreibt man in der angenommenen Numerierung für jedes der 10 Güter die Anzahl der benötigten Teile in eine Zeile, so entsteht eine 10 × 10-Matrix, die *Gozinto-Matrix* genannt wird:

$$D = \begin{pmatrix}
0 & 0 & 2 & 1 & 0 & 1 & 0 & 0 & 0 & 0 \\
0 & 0 & 0 & 3 & 1 & 0 & 1 & 0 & 0 & 2 \\
0 & 0 & 0 & 0 & 0 & 2 & 0 & 1 & 0 & 0 \\
0 & 0 & 0 & 0 & 0 & 1 & 0 & 0 & 4 & 0 \\
0 & 0 & 0 & 0 & 0 & 0 & 3 & 0 & 0 & 1 \\
0 & 0 & 0 & 0 & 0 & 0 & 0 & 4 & 2 & 0 \\
0 & 0 & 0 & 0 & 0 & 0 & 0 & 0 & 1 & 3 \\
0 & 0 & 0 & 0 & 0 & 0 & 0 & 0 & 0 & 0 \\
0 & 0 & 0 & 0 & 0 & 0 & 0 & 0 & 0 & 0 \\
0 & 0 & 0 & 0 & 0 & 0 & 0 & 0 & 0 & 0
\end{pmatrix} .$$

Da Rohstoffe nicht zusammengesetzt sind, erhält man für jeden Rohstoff – hier Nr. 8, 9, 10 – eine Zeile mit lauter Nullen.

Die Gesamtbedarfsmatrix G aller Teile berechnet sich aus

$$G = E + D + D^2 + D^3 + \ldots + D^{n+1} .$$

Gozinto-Graph

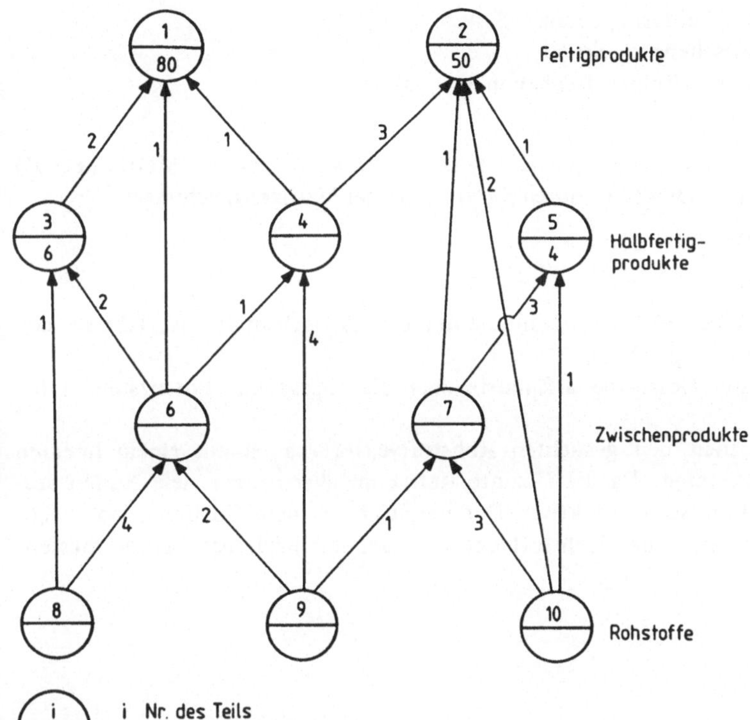

Die Matrizenpotenzsumme ist endlich, da bei einer Fabrikation mit n Zwischenstufen die Matrizen D^{i+2} für $i \geqslant n$ verschwinden. Hier gilt somit für n = 2

$$G = E + D + D^2 + D^3 .$$

Ordnet man die zu produzierenden Anzahlen der Güter in der angenommenen Numerierung zu einem Vektor an, so erhält man den Produktionsvektor **p**. Multipliziert man die Gesamtbedarfsmatrix **G** von links mit dem Produktionsvektor **p**, so liefert das lineare Gleichungssystem

$$r = p^T G$$

den Rohstoffvektor **r**. Dieser gibt die Anzahl der jeweils benötigten Rohstoffeinheiten bzw. Teile an.

 Sollen 80 Fertigprodukte 1, 50 Fertigprodukte 2 erzeugt und 6 Halbfertigprodukte 3 bzw. 4 Halbfertigprodukte 5 auf Lager gelegt werden, so lautet der zugehörige Produktionsvektor:

$$p = (80, 50, 6, 0, 4, 0, 0, 0, 0, 0)^T .$$

Multiplikation von links mit **G** liefert den gesuchten Rohstoffvektor r:

$$r = (80, 50, 166, 230, 54, 642, 212, 2734, 2416, 790)^T .$$

Zur Produktion werden also

> 166, 236 bzw. 54 Halbfertigprodukte 3, 4, 5
> 642 bzw. 212 Zwischenprodukte 6, 7
> 2734, 2416 bzw. 790 Rohstoffeinheiten 8, 9, 10

benötigt.

Bemerkenswert ist, daß die Gesamtbedarfsmatrix G auch als Inverse der Matrix $(E - D)$ berechnet werden könnte. Dies folgt durch Subtraktion der Matrizengleichungen:

$$G = E + D\ + D^2 + \ldots + D^{n+1}$$
$$DG = D + D^2 + D^3 + \ldots + D^{n+1}.$$

Da die Matrix $(E - D)$ bei geeigneter Numerierung eine Dreiecksmatrix ist, läßt sie sich relativ einfach invertieren (vgl. [33]).

Im Programm wird die Gesamtbedarfsmatrix über die angegebene Potenzsumme berechnet.

Natürlich kann man den gesuchten Rohstoffvektor r auch mit einem linearen Gleichungssystem bestimmen. Da die Gozinto-Matrix im allgemeinen viele Nullen aufweist, ist dieses Verfahren sogar effektiver. Der Vergleich mit dem Gozinto-Graph zeigt, daß für die Komponenten r_i des Rohstoffvektors folgende Gleichungen gelten müssen:

$$
\begin{aligned}
r_1 &= 80 \\
r_2 &= 50 \\
r_3 &= 2r_1 + 6 \\
r_4 &= r_1 + 3r_2 \\
r_5 &= r_2 + 4 \\
r_6 &= 2r_3 + r_1 + r_4 \\
r_7 &= r_2 + 3r_5 \\
r_8 &= r_3 + 4r_6 \\
r_9 &= 2r_6 + 4r_4 + r_7 \\
r_{10} &= 3r_7 + r_2 + r_5.
\end{aligned}
$$

Umordnen liefert das Gleichungssystem

$$
\begin{pmatrix}
1 & & & & & & & & & \\
0 & 1 & & & & & & & & \\
-2 & 0 & 1 & & & & & & & \\
-1 & -3 & 0 & 1 & & & & & & \\
0 & -1 & 0 & 0 & 1 & & & & & \\
-1 & -2 & 0 & -1 & 0 & 1 & & & & \\
0 & -1 & 0 & 0 & -3 & 0 & 1 & & & \\
0 & 0 & -1 & 0 & 0 & -4 & 0 & 1 & & \\
0 & 0 & 0 & -4 & 0 & -2 & -1 & 0 & 1 & \\
0 & -2 & 0 & 0 & -1 & 0 & -3 & 0 & 0 & 1
\end{pmatrix}
\cdot
\begin{pmatrix}
r_1 \\ r_2 \\ r_3 \\ r_4 \\ r_5 \\ r_6 \\ r_7 \\ r_8 \\ r_9 \\ r_{10}
\end{pmatrix}
=
\begin{pmatrix}
80 \\ 50 \\ 6 \\ 0 \\ 4 \\ 0 \\ 0 \\ 0 \\ 0 \\ 0
\end{pmatrix}
$$

mit der bereits bekannten Lösung

$$r = (80, 50, 166, 230, 54, 642, 212, 2734, 2416, 790)^T.$$

```
100 REM GOZINTO-MATRIX
110 :
120 READ N :REM ORDNUNG DER MATRIX
130 DIM A(N,N),B(N,N),C(N,N),D(N,N)
140 :
150 REM EINLESEN DER GOZINTOMATRIX
160 FOR I=1 TO N
170 FOR J=1 TO N
180 READ A(I,J)
190 B(I,J)=A(I,J):D(I,J)=A(I,J)
200 NEXT J
210 NEXT I
220 FOR I=1 TO N
230 D(I,I)=D(I,I)+1
240 NEXT I
250 :
260 REM MULTIPLIKATION
270 FOR I=1 TO N
280 FOR J=1 TO N
290 S=0
300 FOR K=1 TO N
310 S=S+A(I,K)*B(K,J)
320 NEXT K
330 C(I,J)=S:D(I,J)=D(I,J)+S
340 NEXT J
350 NEXT I
360 :
370 F=0
380 FOR I=1 TO N
390 FOR J=1 TO N
400 B(I,J)=C(I,J)
410 IF B(I,J)<>0 THEN F=1
420 NEXT J
430 NEXT I
440 :
450 REM PRUEFEN AUF ENDE
460 IF F=1 THEN 270
470 PRINT"GESAMTBEDARFSMATRIX:"
480 FOR I=1 TO N
490 FOR J=1 TO N
500 PRINT D(I,J);
510 NEXT J:PRINT
520 NEXT I
530 :
540 REM EINLESEN DES PRODUKTIONSVEKTORS
550 FOR I=1 TO N
560 READ P(I)
570 NEXT I
580 PRINT"ROHSTOFFVEKTOR:"
590 FOR I=1 TO N
600 S=0
610 FOR J=1 TO N
620 S=S+P(J)*D(J,I)
630 NEXT J
```

```
 640 R(I)=S
 650 PRINT R(I);
 660 NEXT I
 670 END
 680 :
 690 DATA 10
 700 DATA 0,0,2,1,0,1,0,0,0,0
 710 DATA 0,0,0,3,1,0,1,0,0,2
 720 DATA 0,0,0,0,0,2,0,1,0,0
 730 DATA 0,0,0,0,0,1,0,0,4,0
 740 DATA 0,0,0,0,0,0,3,0,0,1
 750 DATA 0,0,0,0,0,0,0,4,2,0
 760 DATA 0,0,0,0,0,0,0,0,1,3
 770 DATA 0,0,0,0,0,0,0,0,0,0
 780 DATA 0,0,0,0,0,0,0,0,0,0
 790 DATA 0,0,0,0,0,0,0,0,0,0
 800 :
 810 DATA 80,50,6,0,4,0,0,0,0,0
READY.
```

GOZINTOMATRIX

GESAMTBEDARFSMATRIX:

```
1   0   2   1   0   6   0   26   16   0
0   1   0   3   1   3   4   12   22   15
0   0   1   0   0   2   0   9    4    0
0   0   0   1   0   1   0   4    6    0
0   0   0   0   1   0   3   0    3    10
0   0   0   0   0   1   0   4    2    0
0   0   0   0   0   0   1   0    1    3
0   0   0   0   0   0   0   1    0    0
0   0   0   0   0   0   0   0    1    0
0   0   0   0   0   0   0   0    0    1
```

ROHSTOFFVEKTOR:

```
80   50   166   230   54   642   212   2734   2416   790
```

14 Biologie – Ökologie

14.1 Altersverteilung einer Population

Eine Population bestehe aus Individuen von n verschiedenen Altersklassen x_i; $x_i^{(k)}$ kennzeichne die Anzahl der Individuen in x_i zum Zeitpunkt k. Ist b_i die Übergangswahrscheinlichkeit von x_i nach x_{i+1}, so gilt

$$x_{i+1}^{(k)} = b_i x_i^{(k-1)} \qquad i = 1, 2, \ldots$$

$1 - b_i$ stellt dann die Wahrscheinlichkeit dar, im Alter i zu sterben. Ist a_i die Geburtenrate der Altersklasse x_i, so beträgt die Zahl der Neugeborenen zum Zeitpunkt k

$$x_1^{(k)} = a_1 x_1^{(k-1)} + a_2 x_2^{(k-1)} + a_3 x_3^{(k-1)} + \ldots + a_n x_n^{(k-1)}.$$

Schreibt man die Gleichungen in Matrizenform:

$$x^{(k)} = L x^{(k-1)},$$

so hat **L** die Form

$$\begin{pmatrix} a_1 & a_2 & a_3 & \ldots & a_{n-1} & a_n \\ b_1 & & & & & \\ & b_2 & & & & \\ & & b_3 & & & \\ & & & \ddots & & \\ & & & & b_{n-1} & \\ & & & & & 0 \end{pmatrix}.$$

Matrizen dieser Art heißen *Leslie-Matrizen*. Durch Rekursion folgt

$$x^{(k)} = L^k x^{(0)}.$$

Der Populationsvektor zum Zeitpunkt k ergibt aus dem Anfangsvektor $x^{(0)}$ durch Multiplikation mit der k-ten Potenz der Leslie-Matrix.

Da Geburts- und Sterberaten nichtnegativ sind, stellen Leslie-Matrizen nichtnegative Matrizen dar. Ähnlich wie bei Frobenius-Matrizen läßt sich das charakteristische Polynom einer Leslie-Matrix explizit angeben [31]:

$$p(\lambda) = \lambda^n - a_1 \lambda^{n-1} - a_2 b_1 \lambda^{n-2} - a_3 b_1 b_2 \lambda^{n-3} - \ldots - a_n b_1 b_2 \ldots b_{n-1}.$$

Da $p(\lambda)$ nur eine positive Nullstelle hat, besitzt L einen einfachen positiven Eigenwert λ_1. Ist $\lambda_1 > 1$, so ist λ_1 sogar dominant. Auch der zugehörige Eigenvektor läßt sich explizit angeben:

$$
x = \begin{pmatrix}
1 \\
b_1/\lambda_1 \\
b_1 b_2/\lambda_1^2 \\
b_1 b_2 b_3/\lambda_1^3 \\
\cdot \\
\cdot \\
\cdot \\
b_1 b_2 \ldots b_n/\lambda_1^{n-1}
\end{pmatrix} .
$$

Wegen

$$
x^{(k)} = L x^{(k-1)} = x^{(k-1)}
$$

stellt x den stationären Zustand der Population dar. Für $\lambda_1 > 1$ wächst die Population, für $\lambda_1 < 1$ sinkt sie.

Im Programmbeispiel wird die Altersverteilung einer weiblichen Bevölkerung berechnet. Zur Vereinfachung werden die Frauen vom Alter 0–49 Jahren in 10 Altersklassen eingeteilt. Die folgenden Daten sind einer kanadischen Statistik aus dem Jahre 1965 entnommen [31].

Altersklasse i	Geburtenrate a_i	Überlebensrate b_i
[0, 5 [	0	0.99651
[5, 10[	0.00024	0.99820
[10, 15[	0.05861	0.99802
[15, 20[	0.28608	0.99729
[20, 25[	0.44791	0.99694
[25, 30[	0.36499	0.99621
[30, 35[	0.22259	0.99460
[35, 40[	0.10457	0.99184
[40, 45[	0.02826	0.98700
[45, 50[	0.00240	–

Berechnet man den dominanten Eigenwert der zugehörigen Leslie-Matrix mit Hilfe der *Von-Mises-Iteration* (vgl. z.B. [19]), so ergibt sich

$$
\lambda_1 = 1.07622
$$

mit dem zugehörigen Eigenvektor

$$\mathbf{x}_1 = \begin{pmatrix} 1.00000 \\ 0.92594 \\ 0.85881 \\ 0.79641 \\ 0.73800 \\ 0.68364 \\ 0.63281 \\ 0.58482 \\ 0.53897 \\ 0.49429 \end{pmatrix}.$$

$\mathbf{x}_1$ ist hier *Tschebyschew-normiert* $\| \mathbf{x}_1 \|_\infty = 1$.

Im Programm wird die Wachstumsrate der Population nicht über den maximalen Eigenwert, sondern auch wiederholte Multiplikation mit der Leslie-Matrix ermittelt. Vergleicht man hier die berechnete Wachstumsrate mit dem Eigenwert, so zeigt sich, daß nach 50 Generationen noch nicht der stationäre Zustand erreicht wurde. Im Programm werden die Bevölkerungsanteile der jeweiligen Alterklasse $x_i \| \|_1$ normiert.

```
100 REM ALTERSVERTEILUNG
110 :
120 READ N :REM ZAHL DER ALTERSKLASSEN
130 DIM A(N),B(N-1),X(N),Y(N)
140 :
150 REM GEBURTENRATEN
160 FOR I=1 TO N
170 READ A(I)
180 NEXT I
190 :
200 REM UEBERLEBENSRATEN
210 FOR I=1 TO N-1
220 READ B(I)
230 NEXT I
240 :
250 REM ANFANGSPOPULATIOM
260 PRINT" 0.PERIODE:"
270 FOR I=1 TO N
280 X(I)=1000
290 PRINT X(I);
300 NEXT I:PRINT
310 S0=N*1E3:REM ANFANGSSUMME
320 :
330 REM 50 PERIODEN
340 FOR K=1 TO 50
350 Y(1)=0
360 FOR J=1 TO N
370 Y(1)=Y(1)+A(J)*X(J)
380 NEXT J
390 FOR I=2 TO N
400 Y(I)=X(I-1)*B(I-1)
```

```
410 NEXT I
420 IF K/10<>INT(K/10) THEN 470
430 PRINT K;".PERIODE:"
440 FOR I=1 TO N
450 PRINT INT(Y(I)+.5);
460 NEXT I:PRINT
470 FOR I=1 TO N
480 X(I)=Y(I)
490 NEXT I
500 NEXT K
510 :
520 REM WACHSTUMSRATE
530 S=0:PRINT
540 FOR I=1 TO N
550 S=S+X(I)
560 NEXT I
570 W=(S/S0)↑.02
580 PRINT"WACHSTUMSRATE=";INT(1E4*W+.5)/1E4
590 PRINT
600 :
610 REM PROZENTUALE VERTEILUNG
620 FOR I=1 TO N
630 PRINT"ALTERSKLASSE";I;INT(1E4*X(I)/S+.5)/100;"%"
640 NEXT I
650 :
660 DATA 10
670 DATA 0,.00024,.05861,.28608,.44791,.36399,.22259
680 DATA .10457,.02826,.00240
690 DATA .99651,.99820,.99802,.99729,.99694,.99621
700 DATA .99460,.99184,.98700
READY.
```

ALTERSVERTEILUNG

```
0.PERIODE:
1000   1000   1000   1000   1000   1000   1000   1000   1000   1000
10 .PERIODE:
2483   2315   2196   2068   1881   1654   1507   1473   1465   1450
20 .PERIODE:
5254   4873   4523   4186   3866   3580   3330   3095   2849   2585
30 .PERIODE:
10956   10145   9408   8722   8083   7491   6936   6409   5901   5409
40 .PERIODE:
22836   21144   19611   18187   16853   15612   14451   13354   12307   11288
50 .PERIODE:
47602   44076   40881   37911   35131   32543   30123   27839   25656   23529

WACHSTUMSRATE= 1.0734

ALTERSKLASSE 1   13.79 %        ALTERSKLASSE 6    9.42 %
ALTERSKLASSE 2   12.77 %        ALTERSKLASSE 7    8.72 %
ALTERSKLASSE 3   11.84 %        ALTERSKLASSE 8    8.06 %
ALTERSKLASSE 4   10.98 %        ALTERSKLASSE 9    7.43 %
ALTERSKLASSE 5   10.17 %        ALTERSKLASSE 10   6.81 %
```

14.2 Ökosystem mehrerer Spezies

Für das exponentielle Wachstum gilt die Differentialgleichung

$$\frac{dN}{dt} = rN, \tag{1}$$

dabei ist N die Zahl der Tiere und r die Vermehrungsrate. Lösung ist

$$N(t) = N(0)\,e^{rt}.$$

Die Annahme eines auf Dauer ungehemmten Wachstums ist nicht realistisch, da sich die Tiere mit zunehmender Anzahl Platz und Nahrung streitig machen. Man führt daher einen weiteren Parameter K ein, der die Kapazität des Ökosystems für Tiere darstellt. (1) kann dann zu

$$\frac{dN}{dt} = \frac{rN(K-N)}{K} \tag{2}$$

verallgemeinert werden. Ist nämlich K groß gegen N, so gilt

$$\frac{dN}{dt} = rN\left(1 - \frac{K}{N}\right) \approx rN,$$

d.h. man erhält wieder Gleichung (1). Gilt dagegen $K \approx N$, so folgt aus Gl. (2)

$$\frac{dN}{dt} = rN\,\frac{K-N}{K} \approx 0,$$

d.h. das Wachstum kommt zum Erliegen. Lösung von Gl. (2) ist

$$N(t) = \frac{Ke^{rt}}{K/N(0) + e^{rt} - 1}$$

die sogenannte logistische Kurve. K ist wieder der asymptotische Zustand für $t \to \infty$.

Schreibt man Gl. (2) in der Form

$$\frac{dN}{dt} = rN - \frac{r}{K}\,N^2$$

so stellt der Term

$$-\frac{r}{K}\,N^2$$

die Korrektur zu Gl. (1) dar. Dieser Term ist proportional zu N^2 und damit auch zu $\binom{N}{2}$. Dieser Binomialkoeffizient gibt die Anzahl der Möglichkeiten an, daß sich 2 von N Tieren treffen. Sind zwei Spezies mit den Anzahlen N_1 und N_2 vorhanden, so muß der Korrekturterm die Treffmöglichkeiten innerhalb der eigenen und fremden Art berücksichtigt werden. Dies leisten die Gleichungen

$$\frac{dN_1}{dt} = \frac{r_1 N_1}{K}\,(K - N_1 - c_{12}N_2)$$

$$\frac{dN_2}{dt} = \frac{r_2 N_2}{K}\,(K - N_2 - c_{21}N_1). \tag{3}$$

Die Koeffizienten c_{12} und c_{21} kennzeichnen die Begegnungshäufigkeit und werden als Gedrängekoeffizienten bezeichnet. Für mehrere Spezies können diese Gleichungen in Matrixform

$$\frac{dN}{dt} = rN \left(1 - \frac{1}{K} \, CN \right) \tag{4}$$

geschrieben werden. Dabei ist **C** die Matrix der Gedrängekoeffizienten. Damit Gl. (4) in Gl. (3) übergeht, müssen die Diagonalelemente $c_{ii} = 1$ sein. Setzt man dt als Generationsdauer gleich 1, so geht Gl. (4) in das Differenzengleichungssystem

$$N^{(i+1)} = N^{(i)} + rN^{(i)} \left(1 - \frac{1}{K} \, CN^{(i)} \right)$$

über. Die hochgestellten Indizes geben die Generation an.

Im folgenden Programm wird die Matrix der Gedrängekoeffizienten durch Zufallszahlen im Intervall [0 ... 3[erzeugt. Bei Bedarf kann die Matrix auch über DATA-Werte eingelesen werden. Die Geburtenraten sind willkürlich Eins gesetzt, da die Populationsgrößen über den Parameter K gesteuert werden. Die Kapazität K wurde in Zeile 370 gleich 250 gesetzt und kann ebenfalls bei Bedarf geändert werden. Die Anfangspopulationen wurden zu 100 gewählt (Zeilen 270–290).

Bei Wahl dieser Parameter zeigt sich, daß bereits nach wenigen Generationen näherungsweise ein stationärer Zustand erreicht wird. Da aber in der Natur durch zufällige Einflüsse wie Klima usw. Schwankungen hervorgerufen werden, werden im Programm alle Populationsgrößen um 5 % zufällig geändert (Zeile 610). Es zeigt sich, daß alle Populationsgrößen eine „gedämpfte Schwingung" um den Gleichgewichtspunkt ausführen.

```
100 REM OEKOSYSTEM MEHRERER SPEZIES
110 :
120 INPUT"ZAHL DER SPEZIES";N
130 INPUT"ZAHL DER GENERATIONEN";M:PRINT
140 :
150 DIM D(N),N(N),R(N),C(N,N)
160 :
170 PRINT"MATRIX DER GEDRAENGEKOEFFIZIENTEN:"
180 FOR I=1 TO N
190 FOR J=1 TO N
200 IF I=J THEN C(I,I)=1:GOTO 220
210 C(I,J)=0.3*RND(1)
220 PRINT INT(1E3*C(I,J)+.5)/1E3;
230 NEXT J:PRINT
240 NEXT I:PRINT
250 :
260 REM ANFANGSWERTE FUER POPULATIONEN
270 FOR I=1 TO N
280 N(I)=100
290 NEXT I
300 :
310 REM GEBURTENRATEN
320 FOR I=1 TO N
```

```
330 R(I)=1
340 NEXT I
350 :
360 REM SCHRANKEN FUER POPULATIONEN
370 K=250
380 :
390 G=1
400 PRINT"GEN.   1      2      3      4"
410 :
420 REM MULTIPLIKATION MIT GEDRAENGEMATRIX
430 FOR I=1 TO N
440 S=0
450 FOR J=1 TO N
460 S=S+C(I,J)*N(J)
470 NEXT J
480 D(I)=S
490 NEXT I
500 :
510 REM POPULATIONSGLEICHUNGEN
520 PRINT G;
530 FOR I=1 TO N
540 N(I)=N(I)+R(I)*N(I)*(1-D(I)/K)
550 IF N(I)<0 THEN N(I)=0
560 PRINT INT(N(I)+.5);
570 NEXT I:PRINT
580 :
590 REM 5 % ZUFAELLIGE SCHWANKUNGEN
600 FOR I=1 TO N
610 N(I)=N(I)*(0.95+0.1*RND(1))
620 NEXT I
630 :
640 G=G+1
650 IF G<=M THEN 430
660 :
670 END

READY.


OEKOSYSTEM V.MEHREREN SPEZIES


ZAHL DER SPEZIES? 4
ZAHL DER GENERATIONEN? 20

MATRIX DER GEDRAENGEKOEFFIZIENTEN:
 1       .242   .225   .13
 .231   1       .118   .186
 .238   .113   1       .162
 .21    .184   .251   1
```

GEN.	1	2	3	4
1	136	139	139	134
2	152	158	165	149
3	156	165	167	148
4	151	168	170	147
5	153	167	171	145
6	149	170	174	142
7	150	169	172	145
8	151	168	172	144
9	149	167	176	142
10	150	168	175	142
11	150	166	173	146
12	149	169	173	143
13	152	168	172	143
14	150	168	174	142
15	152	168	172	144
16	151	167	172	144
17	152	167	174	142
18	155	165	173	141
19	153	168	172	141
20	151	166	174	144

15 Chemie

15.1 Chemische Reaktion mit Trennstufe

Betrachtet werde eine chemische Reaktion, bei der aus zwei Substanzen A, B mit Hilfe einer Trennstufe die Substanz C extrahiert werde, entweder zur Rückgewinnung oder aus Gründen des Umweltschutzes.

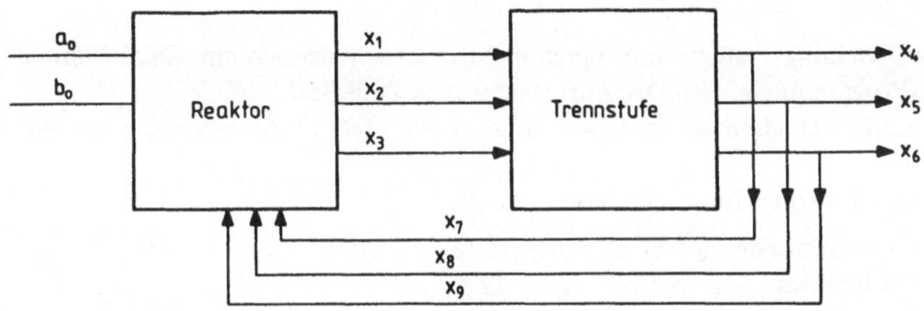

Sind x_1, x_2, x_3 die Anteile der Substanzen A, B, C, die vom Reaktor in die Trennstufe übergehen, so verbleiben nach der Trennstufe die Anteile x_4, x_5, x_6 und es gilt

$$x_4 = r x_1$$
$$x_5 = s x_2$$
$$x_6 = t x_3.$$

Die Proportionalitätskonstanten r, s, t stellen die Ausbeute der Substanzen in der Trennstufe dar. Die Restanteile

$$x_7 = (1 - r) x_1$$
$$x_8 = (1 - s) x_2$$
$$x_9 = (1 - t) x_3$$

fließen in den Reaktor zurück. Sind a_0, b_0 die Anfangskonzentrationen von A und B und p, q die entsprechende Ausbeute, so folgt noch

$$x_2 = (1 - q) (b_0 + x_8)$$
$$x_3 = p (a_0 + a_7) + q (b_0 + x_8) + x_9.$$

Damit erhält man das lineare Gleichungssystem

$$A x = y$$

mit

$$A = \begin{pmatrix}
1 & 0 & 0 & 0 & 0 & 0 & p-1 & 0 & 0 \\
0 & 1 & 0 & 0 & 0 & 0 & 0 & p-1 & 0 \\
0 & 0 & 1 & 0 & 0 & 0 & -p & -q & -1 \\
-r & 0 & 0 & 1 & 0 & 0 & 0 & 0 & 0 \\
0 & -s & 0 & 0 & 1 & 0 & 0 & 0 & 0 \\
0 & 0 & -t & 0 & 0 & 1 & 0 & 0 & 0 \\
r-1 & 0 & 0 & 0 & 0 & 0 & 1 & 0 & 0 \\
0 & s-1 & 0 & 0 & 0 & 0 & 0 & 1 & 0 \\
0 & 0 & t-1 & 0 & 0 & 0 & 0 & 0 & 1
\end{pmatrix}$$

und der rechten Seite

$$y = ((1-p)\,a_0, (1-q)\,b_0, pa_0 + qb_0, 0, 0, 0, 0, 0, 0)^T.$$

Zur Lösung des Gleichungssystems im Programm wird das Unterprogramm *Gauß-Elimination* verwendet (Programm Nr. 10). Der Aufruf erfolgt in Zeile 380.

Alle Parameter der chemischen Reaktion sind über INPUT-Anweisungen ins Programm einzugeben.

Im Programmbeispiel werden folgende Werte gewählt:

Anfangskonzentrationen $a_0 = 60\,\%$, $b_0 = 75\,\%$
Ausbeute im Reaktor $p = 35\,\%$, $q = 42\,\%$
Ausbeute im Trenner $r = 20\,\%$, $s = 40\,\%$, $t = 50\,\%$.

Wie im Programmausdruck ersichtlich, wird durch die Trennstufe die Ausbeute von C von anfangs 50 % auf 92,1 % gesteigert.

```
100 REM CHEMISCHE REAKTION MIT TRENNSTUFE
110 :
120 DIM A(9,10),X(9)
130 FOR I=1 TO 9
140 FOR J=1 TO 10
150 A(I,J)=0
160 NEXT J
170 A(I,I)=1
180 NEXT I
190 :
200 INPUT"AUSBEUTE DER REAKTION A->C";P
210 INPUT"AUSBEUTE DER REAKTION B->C";Q
220 INPUT"AUSBEUTE VON A IN TRENNST.";R
230 INPUT"AUSBEUTE VON B IN TRENNST.";S
240 INPUT"AUSBEUTE VON C IN TRENNST.";T
250 INPUT"ANFANGSKONZENTRATION VON A";A0
260 INPUT"ANFANGSKONZENTRATION VON B";B0
270 :
280 REM AUFSTELLEN DER GLEICH.MATRIX
290 A(1,7)=P-1:A(2,8)=Q-1:A(3,7)=-P
300 A(3,8)=-Q:A(3,9)=-1:A(4,1)=-R
310 A(5,2)=-S:A(6,3)=-T:A(7,1)=R-1
```

```
320 A(8,2)=S-1:A(9,3)=T-1
330 :
340 REM RECHTE SEITE
350 A(1,10)=(1-P)*A0:A(2,10)=(1-Q)*B0
360 A(3,10)=P*A0+Q*B0
370 N=9
380 GOSUB 6000
390 :
400 PRINT:PRINT"ENDKONZENTRATION:"
410 DEF FNR(X)=INT(1E3*X+.5)/1E3
420 FOR I=4 TO 6
430 PRINT"C(";I-3;")=";FNR(X(I))
440 NEXT I
450 END
```

```
READY.


CHEM. REAKTION MIT TRENNSTUFE

AUSBEUTE DER REAKTION A->C? .35
AUSBEUTE DER REAKTION B->C? .42
AUSBEUTE VON A IN TRENNST.? .2
AUSBEUTE VON B IN TRENNST.? .4
AUSBEUTE VON C IN TRENNST.? .5
ANFANGSKONZENTRATION VON A? .6
ANFANGSKONZENTRATION VON B? .75

ENDKONZENTRATION:
C( 1 )= .163
C( 2 )= .267
C( 3 )= .921
```

16 Technische Mechanik

16.1 Allgemeines symmetrisches Eigenwertproblem

Das allgemeine Eigenwertproblem

$$Ax = \lambda\, Bx \tag{1}$$

kann für symmetrische Matrizen A, B und für positiv definites B auf ein gewöhnliches, symmetrisches Eigenwertproblem zurückgeführt werden. Ist

$$R^T R = B$$

die *Cholesky-Zerlegung* von B, so folgt aus $(A - \lambda B)\, x = 0$:

$$(AR^{-1} - \lambda\, R^T)\, Rx = 0$$

oder

$$(C - \lambda\, E)\, y = 0 \tag{2}$$

mit

$$C = (R^{-1})^T\, AR^{-1}, \quad y = Rx$$

C ist ebenfalls symmetrisch, wegen

$$C^T = ((R^{-1})^T\, AR^{-1})^T = (R^{-1})^T\, A^T R^{-1} = (R^{-1})^T\, AR^{-1} = C.$$

Die Eigenwerte von Gl. (2) sind auch Eigenwerte von Gl. (1), jedoch müssen die Eigenvektoren x von Gl. (1) aus denen von Gl. (2) über das lineare Gleichungssystem

$$Rx = y$$

ermittelt werden.

Als Programmbeispiel soll eine Schwingungsaufgabe aus der technischen Mechanik behandelt werden. Auf einem Träger konstanter Biegesteifigkeit EI mit der Länge l, der auf zwei Stützen gelagert ist, befinden sich im gleichen Abstand 4 gleichgroße Massen m, die durch Federn (Federkonstante $c = 1500\ EI/l^3$) mit dem festen Untergrund verbunden sind. Nach [4] erhält man für die Schwingungen folgende Eigenwertgleichung:

$$x + FCx = \omega^2 m F x$$

mit

$$F = \frac{l^3}{3750\,EI}
\begin{pmatrix}
32 & 45 & 40 & 23 \\
45 & 72 & 68 & 40 \\
40 & 68 & 72 & 45 \\
23 & 40 & 45 & 32
\end{pmatrix}$$

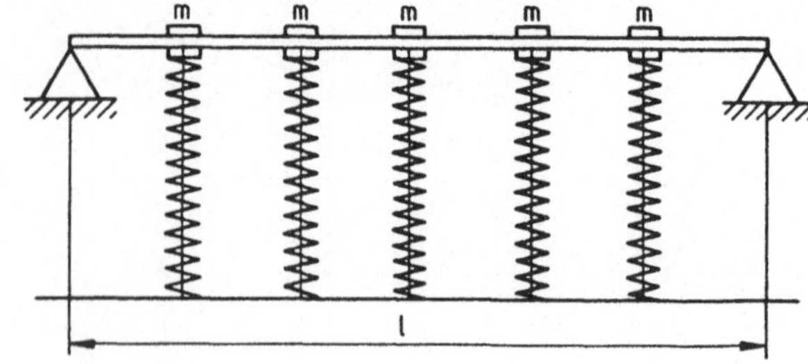

und

$$C = 1500\,\frac{EI}{l^3}\begin{pmatrix} 1 & 0 & 0 & 0 \\ 0 & 1 & 0 & 0 \\ 0 & 0 & 1 & 0 \\ 0 & 0 & 0 & 1 \end{pmatrix}.$$

Durch Multiplikation mit $\mathbf{F}^{-1}$ folgt

$$(\mathbf{F}^{-1} + \mathbf{C})\,\mathbf{x} = \omega^2 m\mathbf{x},$$

Setzt man

$$\lambda = \frac{l^3}{750\,EI}\,\omega^2 m$$

so erhält man mit

$$\mathbf{A} = 5\left(\mathbf{E} + \tfrac{2}{5}\,\mathbf{FC}\right),$$

$$\mathbf{B} = \frac{3750\,EI}{l^3}\,\mathbf{F},$$

das allgemeine symmetrische Eigenwertproblem.
Eingabe der beiden Matrizen

$$\mathbf{A} = \begin{pmatrix} 69 & 90 & 80 & 46 \\ 90 & 149 & 136 & 80 \\ 80 & 136 & 149 & 90 \\ 46 & 80 & 90 & 69 \end{pmatrix}$$

$$\mathbf{B} = \begin{pmatrix} 32 & 45 & 40 & 23 \\ 45 & 72 & 68 & 40 \\ 40 & 68 & 72 & 45 \\ 23 & 40 & 45 & 32 \end{pmatrix}$$

ins Programm liefert den kleinsten Eigenwert

$$\lambda_{min} = 2.0259696.$$

Die Kreisfrequenz der Grundschwingung ist somit

$$\omega_{min} = 38.98\,\sqrt{\frac{EI}{ml^3}}\;.$$

```
100 REM ALLGEMEINES SYMMETRISCHES EIGENWERTPROBLEM
110 :
120 READ N :REM ORDNUNG VON A,B
130 DIM A(N,N),B(N,N)
140 :
150 FOR I=1 TO N
160 FOR J=1 TO N
170 READ A(I,J)
```

```
180 NEXT J
190 NEXT I
200 :
210 FOR I=1 TO N
220 FOR J=1 TO N
230 READ B(I,J)
240 NEXT J
250 NEXT I
260 :
270 REM CHOLESKY-ZERLEGUNG VON B
280 FOR I=1 TO N
290 FOR J=I TO N
300 X=B(I,J)
310 IF I=1 THEN 350
320 FOR K=I-1 TO 1 STEP -1
330 X=X-B(I,K)*B(J,K)
340 NEXT K
350 IF I<>J THEN 380
360 IF X<=0 THEN PRINT"MATRIX NICHT DEFINIT":END
370 Y=SQR(X):D(I)=Y:GOTO 390
380 B(J,I)=X/Y
390 NEXT J
400 NEXT I
410 :
420 REM MULTIPLIKATION MIT DER TRANSPONIERTEN
430 FOR I=1 TO N
440 Y=D(I)
450 FOR J=I TO N
460 X=A(I,J)
470 IF I=1 THEN 510
480 FOR K=I-1 TO 1 STEP -1
490 X=X-B(I,K)*A(J,K)
500 NEXT K
510 A(J,I)=X/Y
520 NEXT J
530 NEXT I
540 :
550 REM MULTIPLIKATION MIT DER INVERSEN
560 FOR J=1 TO N
570 FOR I=J TO N
580 X=A(I,J)
590 IF I-1<J THEN 630
600 FOR K=I-1 TO J STEP -1
610 X=X-A(K,J)*B(I,K)
620 NEXT K
630 IF J=1 THEN 670
640 FOR K=J-1 TO 1 STEP -1
650 X=X-A(J,K)*B(I,K)
660 NEXT K
670 A(I,J)=X/D(I)
680 NEXT I
690 NEXT J
700 :
```

```
710 PRINT"REDUZIERTE MATRIX:"
720 FOR I=1 TO N
730 FOR J=1 TO N
740 A(I,J)=A(J,I)
750 PRINT A(I,J);
760 NEXT J:PRINT
770 NEXT I
780 :
790 REM AUFRUF JACOBI-ROTATION
800 GOSUB 6000
810 :
820 PRINT:PRINT"EIGENWERTE"
830 FOR I=1 TO N
840 PRINT A(I,I)
850 NEXT I
860 END
870 :
880 DATA 4
890 DATA 69,90,80,46
900 DATA 90,149,136,80
910 DATA 80,136,149,90
920 DATA 46,80,90,69
930 :
940 DATA 32,45,40,23
950 DATA 45,72,68,40
960 DATA 40,68,72,45
970 DATA 23,40,45,32

READY.
```

ALLG. SYMM. EIGENWERTPROBLEM

```
REDUZIERTE MATRIX:
 2.15625       -.420949921    .22966837   -.0530713524
-.420949921    3.70754926   -1.53784833   .549672673
 .22966837    -1.53784833    4.62166581  -1.84153973
-.0530713524   .549672673   -1.84153973   5.47625736


EIGENWERTE
 2.0259696
 2.41355914
 7.4955318
 4.026662
```

17 Elektrotechnik

17.1 Elektrisches Netzwerk

Die Impedanz Z einer Stromkreismasche ist die komplexe Summe aus dem Ohmschen Widerstand R, dem induktiven Widerstand X_L und dem kapazitiven Widerstand X_C. Dabei gilt

$$X_L = j\,\omega L$$

und

$$X_C = -j\,\frac{1}{\omega C}\,.$$

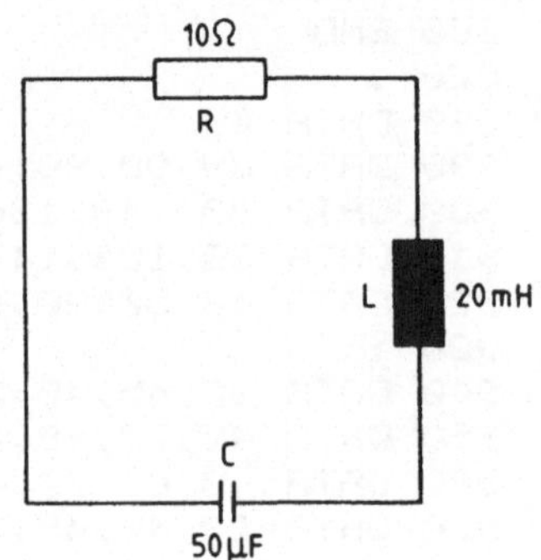

Die imaginäre Einheit wird hier, wie in der Elektrotechnik üblich, mit j bezeichnet. ω ist die Kreisfrequenz des Wechselstroms. Für angegebenen Stromkreis gilt bei Wechselstrom mit der Frequenz 50 Hz:

$$\omega = 2\pi \cdot 50\,\text{Hz} = 310\,\text{Hz}, \quad X_L = j6.3\,\Omega, \quad X_C = -j\,63.7\,\Omega.$$

Die Impedanz ist somit

$$Z = 10\,\Omega - j\,57.4\,\Omega$$

bzw. der Betrag

$$|Z| = \sqrt{100 + 3295}\ \Omega = 58.3\,\Omega.$$

Faßt man alle Maschengleichungen eines Netzwerks zu einer Matrixgleichung zusammen, so erhält man

$$\mathbf{Z}\,\mathbf{i} = \mathbf{v}.$$

Dabei ist $\mathbf{Z}$ die Impedanzmatrix, $\mathbf{i}$ der Vektor der Stromstärken und $\mathbf{v}$ der der Spannungen.

Als Programmbeispiel wird folgendes Netzwerk betrachtet (aus [8]):

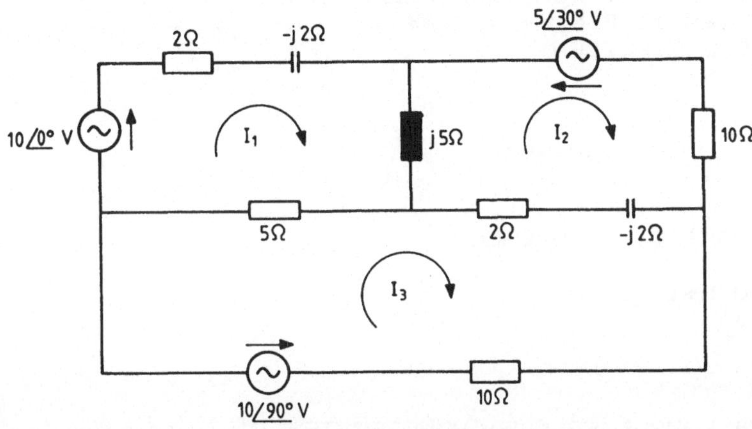

Nach der *Maschenregel von Kirchhoff* gilt in Masche 1:

$$i_1 (2 - 2j) + (i_1 - i_2)\,5j + (i_1 - i_3)\,5 = 10\underline{/0^\circ}$$

in Masche 2:

$$10i_1 + (i_2 - i_3)(2 - 2j) + (i_2 - i_1)\,5j = -(5\underline{/30^\circ})$$

in Masche 3:

$$10i_3 + (i_3 - i_1)\,5 + (i_3 - i_2)(2 - 2j) = -(10\underline{/90^\circ}).$$

Ausmultiplizieren und zusammenfassen liefern das Gleichungssystem

$$\begin{pmatrix} 7+3j & -5j & -5 \\ -5j & 12+3j & -2+2j \\ -5 & -2+2j & 17-2j \end{pmatrix} \begin{pmatrix} i_1 \\ i_2 \\ i_3 \end{pmatrix} = \begin{pmatrix} 10 \\ -4.33-2.5j \\ -10j \end{pmatrix}.$$

Dabei wurden die Wechselspannungen in Normalform umgerechnet.

Eingabe des Gleichungssystems ins Programm liefert den Stromstärkevektor

$$i = \begin{pmatrix} 1.67\underline{/-41.54^\circ} \\ 0.09\underline{/53.02^\circ} \\ 0.98\underline{/-60.54^\circ} \end{pmatrix} A.$$

Die Zweigströme werden im Programm auf Polarform umgerechnet.
Das Programm verwendet das Unterprogramm Nr. 13 zur Lösung des komplexen
Gleichungssystems.

```
100 REM ELEKTRISCHES NETZWERK
110 :
120 READ N:REM ORDNUNG DER IMPEDANZMATRIX
130 DIM A(2*N,2*N+1),B(N,N+1),X(2*N)
140 REM REALTEIL EINLESEN
150 FOR I=1 TO N
160 FOR J=1 TO N+1
170 READ A(I,J)
180 NEXT J
190 NEXT I
200 :
210 REM IMAGINAERTEIL EINLESEN
220 FOR I=1 TO N
230 FOR J=1 TO N+1
240 READ B(I,J)
250 NEXT J
260 NEXT I
270 :
280 REM AUFRUF KOMPLEXES GLEICHUNGSSYSTEM
290 GOSUB 5000
300 :
310 DEF FNR(X)=INT(1E2*X+.5)/1E2
320 PRINT"ZWEIGSTROEME:"
330 REM POLARKOORDINATEN
340 FOR I=1 TO N/2
350 B=SQR(X(I)↑2+X(I+N/2)↑2)
360 IF X(I)=0 THEN A=π/2:GOTO 390
370 A=ATN(X(I+N/2)/X(I))
380 IF X(I)<0 THEN A=A-π
390 A=A*180/π
400 PRINT "I(";I;")=";FNR(B);"/";FNR(A);"A"
410 NEXT I
420 END
430 :
440 DATA 3
450 DATA 7,0,-5,10
460 DATA 0,12,-2,-4.33
470 DATA -5,-2,17,0
480 :
490 DATA 3,-5,0,0
500 DATA -5,3,2,-2.5
510 DATA 0,2,-2,-10

READY.
```

ELEKTRISCHES NETZWERK

```
ZWEIGSTROEME:
I( 1 )= 1.67 /-41.54 A
I( 2 )= .09 / 53.02 A
I( 3 )= .98 /-60.54 A
```

18 Astronomie

18.1 Umrechnung von Sternkoordinaten

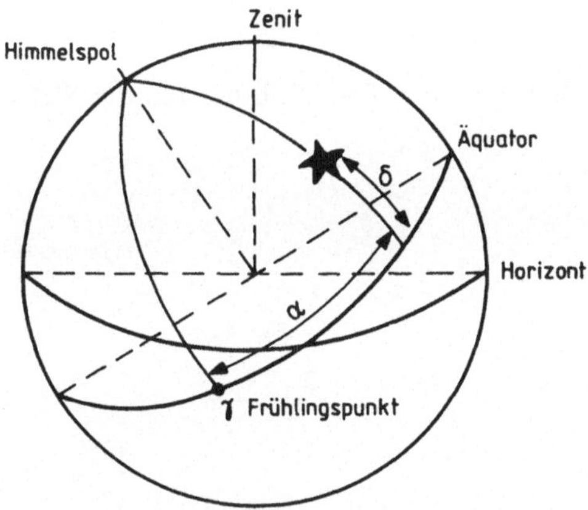

In Sternkatalogen werden die Koordinaten gewöhnlich im Äquatorsystem gemessen. Die äquatorialen Koordinaten sind

Rektaszension α
Deklination δ.

In Folge der Präzession des Äquatorsystems und der Eigenbewegung der Sterne sind diese Koordinaten nicht konstant. In den Sternkatalogen wird daher stets angegeben, auf welche Epoche sich die Koordinaten beziehen.

Zerlegt man die Eigenbewegung eines Sterns in die Komponenten μ_α, μ_δ so gilt

$$\mu = \sqrt{\mu_\alpha^2 \cos^2 \delta + \mu_\delta^2}.$$

Der Positionswinkel P ergibt sich aus der Beziehung

$$\mu_\delta = \mu \cos P.$$

Bei bekannter Entfernung, Eigengeschwindigkeit und Radialbewegung können nun die Äquatorkoordinaten (α_0, δ_0) einer Epoche auf die (α, δ) einer anderen Epoche umgerechnet werden:

$$\begin{pmatrix} \cos\delta \cos\alpha \\ \cos\delta \sin\alpha \\ \sin\delta \end{pmatrix} = \begin{pmatrix} \sin\delta_0 \cos\alpha_0 & -\sin\alpha_0 & \cos\delta_0 \cos\alpha_0 \\ \sin\delta_0 \sin\alpha_0 & \cos\alpha_0 & \cos\delta_0 \sin\alpha_0 \\ -\cos\delta_0 & 0 & \sin\delta_0 \end{pmatrix} \begin{pmatrix} -\cos P_0 \sin\mu_0 T \\ \sin P_0 \sin\mu_0 T \\ \cos\mu_0 T \end{pmatrix}.$$

Der linksstehende Vektor ist ein Einheitsvektor mit $\| \ \|_2 = 1$ in Kugelkoordinaten. T ist die Differenz der Epochen.

Als Beispiel sollen die Koordinaten des Sterns ϵ Ind von der Epoche 1950

$$\alpha = 21^h 59^m 57.199^s$$
$$\delta = -57°01'41.35''$$

auf die Epoche 2000 umgerechnet werden. Einem Sternkatalog entnimmt man die Werte

$$\mu_\alpha = 48.367^s/100\ a$$
$$\mu_\delta = -255.26''/100\ a$$
$$v_r = -40.3\ km/s\ \text{Radialgeschwindigkeit}$$
$$p = 0.285''\ \text{Parallaxenwinkel.}$$

Da alle Werte auf ein Jahrhundert bezogen sind, gilt hier $T = 0.5$. Einsetzen der Werte liefert

$$\begin{pmatrix} \cos\delta \cos\alpha \\ \cos\delta \sin\alpha \\ \sin\delta \end{pmatrix} = \begin{pmatrix} 0.47125887 \\ -0.27220943 \\ -0.83983808 \end{pmatrix}$$

und somit

$$\alpha_{2000} = 21^h 59^m 57.199^s$$
$$\delta_{2000} = -57°01'41.35''.$$

```
100 REM UMRECHNUNG VON STERNKOORDINATEN
110 :
120 READ N$:PRINT"STERN:";N$:PRINT
130 READ T1:PRINT"EPOCHE NEU= ";T1:PRINT
140 READ T0:PRINT"EPOCHE ALT= ";T0:PRINT
150 T=ABS(T1-T0)/100
160 READ A,M,S:PRINT"REKTASZENSION IN H,M,S=";A;M;S:PRINT
170 A=A+M/60+S/3600
180 READ D,M,S:PRINT"DEKLINATION IN GRD,M,S= ";D;M;S:PRINT
190 D=D+SGN(D)*M/60+SGN(D)*S/3600
200 READ MA:PRINT"EIGENBEW. MUE A/JHDT IN S= ":MA:PRINT
210 READ MD:PRINT"EIGENBEW. MUE D/JHDT IN B.S=";MD:PRINT
220 READ V:PRINT"RADIALGESCHWIND.KM/S= ";V:PRINT
230 READ R:PRINT"PARALLAXENWINKEL B.S= ";R:PRINT
240 :
250 REM UMRECHNUNG INS BOGENMASS
260 DEF FNB(X)=X*π/180
270 A=FNB(A*15):D=FNB(D)
280 W=SQR((15*MA*COS(D))↑2+MD↑2)
290 DEF FNC(X)=4*ATN(SQR(1-X)/(SQR(1+X)+SQR(2)))
300 P=FNC(MD/W)
310 W=W*(1-1.0227E-4*R*V*T)
320 W=FNB(W/3600)
330 :
340 GOSUB 650
350 FOR I=1 TO 3
```

```
360 S=0
370 FOR J=1 TO 3
380 S=S+A(I,J)*X(J)
390 NEXT J
400 Y(I)=S
410 NEXT I
420 :
430 REM UMRECHNUNG IN WINKEL
440 DEF FNS(X)=2*ATN(X/(SQR(1-X*X)+1))
450 D1=FNS(Y(3))
460 A1=ATN(Y(2)/Y(1))
470 DEF FNW(X)=X*180/π
480 IF A1<0 THEN A1=A1+2*π
490 A1=FNW(A1)/15
500 D1=FNW(D1)
510 :
520 REM UMRECHNUNG IN MIN,SEK
530 A2=INT(A1):M1=(A1-A2)*60
540 M2=INT(M1):S=(M1-M2)*60
550 S=INT(1E3*S+.5)/1E3
560 PRINT"NEUE KOORDINATEN:":PRINT
570 PRINT"REKTASZENSION= ";A2;"H";M2;"M";S;"S":PRINT
580 :
590 D2=INT(ABS(D1))*SGN(D1):M1=ABS(D2-D1)*60
600 M2=INT(M1):S=(M1-M2)*60
610 S=INT(1E2*S+.5)/1E2
620 PRINT"DEKLINATION= ";D2;"GRD";M2;"M";S;"S"
630 END
640 :
650 REM UNTERPROGRAMM AUFSTELLEN DER MATRIX
660 A(1,1)=SIN(D)*COS(A)
670 A(1,2)=-SIN(A)
680 A(1,3)=COS(D)*COS(A)
690 A(2,1)=SIN(D)*SIN(A)
700 A(2,2)=COS(A)
710 A(2,3)=COS(D)*SIN(A)
720 A(3,1)=-COS(D)
730 A(3,2)=0
740 A(3,3)=SIN(D)
750 :
760 X(1)=-COS(P)*SIN(W*T)
770 X(2)=SIN(P)*SIN(W*T)
780 X(3)=COS(W*T)
790 RETURN
800 :
810 DATA EPSILON INDI
820 DATA 2000,1950
830 DATA 21,59,33.053
840 DATA -56,59,33.65
850 DATA 48.218
860 DATA -255.54
870 DATA -40.4
880 DATA .285
READY.
```

STERNKOORDINATEN

```
 STERN: EPSILON INDI

EPOCHE NEU=  2000

EPOCHE ALT=  1950

REKTASZENSION IN H,M,S= 21   59   33.053

DEKLINATION IN GRD,M,S= -56   59   33.65

EIGENBEW. MUE A/JHDT IN S=   48.218

EIGENBEW. MUE D/JHDT IN B.S=-255.54

RADIALGESCHWIND.KM/S= -40.4

PARALLAXENWINKEL B.S=  .285

NEUE KOORDINATEN:

REKTASZENSION=  21 H 59 M 57.199 S

DEKLINATION= -57 GRD 1 M 41.35 S
```

19 Numerische Beispiele

19.1 Lösung eines homogenen Gleichungssystems

Gesucht ist die Lösung des homogenen Gleichungssystems

$$Ax = 0$$

mit

$$A = \begin{pmatrix} 2 & 1 & 3 & -1 & 1 \\ 1 & 4 & -2 & 1 & 3 \\ 3 & -1 & 2 & 1 & 4 \\ 0 & 6 & -1 & -1 & 0 \\ -2 & 5 & -4 & 0 & -1 \end{pmatrix}.$$

Durch elementare Zeilenumformungen oder mittels Programm 6 bestimmt man den Rang von A. Addiert man die 1. Zeile zur 5. und das Negative der 1. und 2. Zeile zur 3., so erhält man die Matrix

$$\begin{pmatrix} 2 & 1 & 3 & -1 & 1 \\ 1 & 4 & -2 & 1 & 3 \\ 0 & 6 & -1 & -1 & 0 \\ 0 & 6 & -1 & -1 & 0 \\ 0 & 6 & -1 & -1 & 0 \end{pmatrix}.$$

Es zeigt sich, daß der Rang von A 3 ist. Die Lösungsmenge des homogenen Systems, auch Nullraum genannt, hat somit die Dimension

$$5 - \text{Rg}(A) = 2.$$

Es verbleibt somit das System

$$\begin{pmatrix} 2 & 1 & 3 & -1 & 1 \\ 1 & 4 & -2 & 1 & 3 \\ 0 & 6 & -1 & -1 & 0 \end{pmatrix} \cdot x = 0 \tag{1}$$

zu lösen. Setzt man die Parameter

$$x_3 = 6u, \quad x_4 = 6v.$$

in die Gln. (1) ein, so erhält man aus der 3. Zeile

$$x_2 = u + v.$$

Einsetzen in die beiden ersten Zeilen liefert

$$\begin{aligned} 2x_1 + 19u - 5v + x_5 &= 0 \\ x_1 - 8u + 10v + 3x_5 &= 0. \end{aligned} \tag{2}$$

Subtraktion der doppelten 2. Zeile von der 1. ergibt

$$25u - 25v - 5x_5 = 0$$

oder

$$x_5 = 7u - 5v.$$

Einsetzen in Gl. (2) zeigt

$$x_1 = -13u + 5v.$$

Der Nullraum der Matrix ist somit

$$\mathbf{x} = \begin{pmatrix} -13 \\ 1 \\ 6 \\ 0 \\ 7 \end{pmatrix} \cdot u + \begin{pmatrix} 5 \\ 1 \\ 0 \\ 6 \\ -5 \end{pmatrix} \cdot v; \quad u, v \in \mathbb{R}.$$

19.2 Lösung eines inhomogenen Gleichungssystems

Gesucht ist die Lösung des linearen Gleichungssystems

$$\mathbf{Ax = b}$$

mit

$$\mathbf{A} = \begin{pmatrix} 1 & 1 & 1 & 2 & 0 \\ 1 & 1 & 2 & -1 & 1 \\ 2 & 2 & 3 & 1 & 1 \\ 3 & 3 & 4 & 3 & 1 \\ 5 & 5 & 7 & 4 & 2 \end{pmatrix} \qquad \mathbf{b} = \begin{pmatrix} 4 \\ -3 \\ 1 \\ 5 \\ 6 \end{pmatrix}.$$

Durch elementare Zeilenumformungen bestimmt man wieder den Rang der Matrix $\mathbf{A}$ und der erweiterten Matrix $(\mathbf{A, b})$: Addiert man das (-1)-fache der 1. Zeile zur 2., das (-2)-fache zur 3., das (-3)-fache zur 4. und das (-5)-fache zur letzten Zeile, so erhält man die Matrix

$$\begin{pmatrix} 1 & 1 & 1 & 2 & 0 & \vline & 4 \\ 0 & 0 & 1 & -3 & 1 & \vline & -7 \\ 0 & 0 & 1 & -3 & 1 & \vline & -7 \\ 0 & 0 & 1 & -3 & 1 & \vline & -7 \\ 0 & 0 & 2 & -6 & 2 & \vline & -14 \end{pmatrix}.$$

Dies zeigt

$$\mathrm{Rg}\,(\mathbf{A}) = \mathrm{Rg}\,(\mathbf{A, b}) = 2.$$

Da der Rang von Gleichungsmatrix und erweiterter Matrix übereinstimmen, hat das inhomogene System eine Lösung mit

$$5 - \mathrm{Rg}\,(\mathbf{A}) = 3$$

Parametern. Es bleiben die beiden ersten Gleichungen zu lösen

$$x_1 + x_2 + x_3 + 2x_4 \qquad = 4$$
$$x_3 - 3x_4 + x_5 = -7.$$

Setzt man die Parameter

$$x_2 = u, \quad x_3 = v, \quad x_4 = w$$

ein, so ergibt sich

$$x_1 = -u - v - 2w + 4$$
$$x_5 = \qquad -v + 3w - 7.$$

Dies liefert die Lösung

$$x = \begin{pmatrix} -1 \\ 1 \\ 0 \\ 0 \\ 0 \end{pmatrix} u + \begin{pmatrix} -1 \\ 0 \\ 1 \\ 0 \\ -1 \end{pmatrix} v + \begin{pmatrix} -2 \\ 0 \\ 0 \\ 1 \\ 3 \end{pmatrix} w + \begin{pmatrix} 4 \\ 0 \\ 0 \\ 0 \\ -7 \end{pmatrix} ; u, v, w \in \mathbb{R}.$$

19.3 Cramersche Regel

Gesucht ist die Lösung des inhomogenen linearen Gleichungssystems

$$\mathbf{A}x = \mathbf{b}$$

mit

$$\mathbf{A} = \begin{pmatrix} 5 & 1 & 3 & 0 \\ 1 & 4 & 1 & 1 \\ -1 & 2 & 6 & -2 \\ 1 & -1 & 1 & 4 \end{pmatrix} \qquad \mathbf{b} = \begin{pmatrix} 16 \\ 11 \\ 23 \\ -2 \end{pmatrix}.$$

Die Determinante D_0 der Matrix hat den Wert 548. Wegen $D_0 \neq 0$ hat $\mathbf{A}$ den Rang 4, das Gleichungssystem ist somit eindeutig lösbar. Setzt man den Vektor $\mathbf{b}$ der rechten Seite für den 1., 2., 3. und 4. Spaltenvektor von $\mathbf{A}$ ein, so erhält man die Determinanten

$$D_1 = \begin{vmatrix} 16 & 1 & 3 & 0 \\ 11 & 4 & 1 & 1 \\ 23 & 2 & 6 & -2 \\ -2 & -1 & 1 & 4 \end{vmatrix} = 548 \qquad D_2 = \begin{vmatrix} 5 & 16 & 3 & 0 \\ 1 & 11 & 1 & 1 \\ -1 & 23 & 6 & -2 \\ 1 & -2 & 1 & 4 \end{vmatrix} = 1096$$

$$D_3 = \begin{vmatrix} 5 & 1 & 16 & 0 \\ 1 & 4 & 11 & 1 \\ -1 & 2 & 23 & -2 \\ 1 & -1 & -2 & 4 \end{vmatrix} = 1644 \qquad D_4 = \begin{vmatrix} 5 & 1 & 3 & 16 \\ 1 & 4 & 1 & 11 \\ -1 & 2 & 6 & 23 \\ 1 & -1 & 1 & -2 \end{vmatrix} = -548$$

Die Unbekannten x_i ergeben sich aus

$$x_i = \frac{D_i}{D_0}, \quad i = 1, 2, 3, 4.$$

Somit gilt $x_1 = 1$, $x_2 = 2$, $x_3 = 3$ und $x_4 = -1$. Lösungsvektor ist

$$\mathbf{x} = (1, 2, 3, -1)^T.$$

Alle auftretenden Determinanten können mit Hilfe von Programm 5 berechnet werden.

19.4 Lösung von simultanen Gleichungssystemen

Gesucht ist die affine Abbildung des $\mathbb{R}^3$, die die Punkte P_i

$$P_1 (1|0|0), \quad P_2 (1|1|1), \quad P_3 (1|1|-1), \quad P_4 (2|2|0)$$

auf die Punkte P_i'

$$P_1' (0|0|3), \quad P_2' (5|1|0), \quad P_3' (-1|-1|4), \quad P_4' (5|-2|3)$$

abbildet. Eine affine Abbildung hat die Form

$$\mathbf{x}' = \mathbf{A}\mathbf{x} + \mathbf{b}.$$

Differenzbildung von

$$\mathbf{p_1'} = \mathbf{A}\mathbf{p_1} + \mathbf{b}$$
$$\mathbf{p_2'} = \mathbf{A}\mathbf{p_2} + \mathbf{b}$$

ergibt

$$\mathbf{p_1'} - \mathbf{p_2'} = \mathbf{A}(\mathbf{p_1} - \mathbf{p_2});$$

entsprechend folgt

$$\mathbf{p_1'} - \mathbf{p_3'} = \mathbf{A}(\mathbf{p_1} - \mathbf{p_3})$$
$$\mathbf{p_1'} - \mathbf{p_4'} = \mathbf{A}(\mathbf{p_1} - \mathbf{p_4}).$$

Die drei entstehenden Gleichungssysteme haben dieselbe Matrix $\mathbf{A}$. Sie können daher als Matrixgleichung geschrieben werden, wenn man die Differenzen der Ortsvektoren zu einer Matrix zusammenfaßt:

$$(\mathbf{p_1'} - \mathbf{p_2'}, \mathbf{p_1'} - \mathbf{p_3'}, \mathbf{p_1'} - \mathbf{p_4'}) = \mathbf{A}(\mathbf{p_1} - \mathbf{p_2}, \mathbf{p_1} - \mathbf{p_3}, \mathbf{p_1} - \mathbf{p_4}).$$

Einsetzen der gegebenen Punkte ergibt

$$\begin{pmatrix} -5 & 1 & -5 \\ -1 & 1 & 2 \\ 3 & -1 & 0 \end{pmatrix} = \mathbf{A} \begin{pmatrix} 0 & 0 & -1 \\ -1 & -1 & -2 \\ -1 & 1 & 0 \end{pmatrix}. \tag{1}$$

Diese Matrixgleichung wird gelöst, indem man mit der inversen rechten Matrix von rechts multipliziert. Diese Inverse kann mittels Programm 4 oder durch elementare Zeilenumformungen berechnet werden:

$$\left(\begin{array}{ccc|ccc} 0 & 0 & -1 & 1 & 0 & 0 \\ -1 & -1 & -2 & 0 & 1 & 0 \\ -1 & 1 & 0 & 0 & 0 & 1 \end{array} \right).$$

Vertauschung der Zeilen liefert

$$\left(\begin{array}{rrr|rrr} -1 & 1 & 0 & 0 & 0 & 1 \\ -1 & -1 & -2 & 0 & 1 & 0 \\ 0 & 0 & -1 & 1 & 0 & 0 \end{array}\right).$$

Addiert man das (-2)-fache der 3. und die 2. Zeile zur 1., so folgt

$$\left(\begin{array}{rrr|rrr} -2 & 0 & 0 & -2 & 1 & 1 \\ -1 & -1 & -2 & 0 & 1 & 0 \\ 0 & 0 & -1 & 1 & 0 & 0 \end{array}\right).$$

Addiert man das $(-\frac{1}{2})$-fache der 1. und das (-2)-fache der 3. zur 2. Zeile, so ergibt sich

$$\left(\begin{array}{rrr|rrr} -2 & 0 & 0 & -2 & 1 & 1 \\ 0 & -1 & 0 & -1 & .5 & -.5 \\ 0 & 0 & -1 & 1 & 0 & 0 \end{array}\right).$$

Division durch (-2) bzw. (-1) liefert die gesuchte Inverse

$$\frac{1}{2}\left(\begin{array}{rrr} 2 & -1 & -1 \\ 2 & -1 & 1 \\ -2 & 0 & 0 \end{array}\right).$$

Multipliziert man die linke Seite von Gl. (1) mit dieser Inversen von rechts, so erhält man die gesuchte Abbildungsmatrix

$$A = \left(\begin{array}{rrr} 1 & 2 & 3 \\ -2 & 0 & 1 \\ 2 & -1 & -2 \end{array}\right).$$

Der Verschiebungsvektor $\mathbf{b}$ ergibt sich aus der Beziehung

$$\mathbf{b} = \mathbf{p}_1' - A\mathbf{p}_1 = \left(\begin{array}{r} -1 \\ 2 \\ 1 \end{array}\right).$$

Damit ist die affine Abbildung bestimmt.

19.5 Normalform einer symmetrischen Matrix

Gesucht ist die Normalform der Matrix

$$A = \left(\begin{array}{rrrr} -3 & 2 & 3 & 1 \\ 2 & -3 & 3 & -1 \\ 3 & 3 & 2 & 0 \\ 1 & -1 & 0 & -6 \end{array}\right).$$

A ist als symmetrische Matrix normal und somit diagonalähnlich. Das charakteristische Polynom lautet

$$\det(A - \lambda E) = \lambda^4 + 10\lambda^3 - 3\lambda^2 - 248\lambda - 560.$$

Die Eigenwerte der Matrix sind somit -4 (zweifach), 5 und -7. Es gilt

$$A + 4E = \begin{pmatrix} 1 & 2 & 3 & 1 \\ 2 & 1 & 3 & -1 \\ 3 & 3 & 6 & 0 \\ 1 & -1 & 0 & -2 \end{pmatrix}.$$

Das Gleichungssystem $(A + 4E)\,x = 0$ lautet

$$\begin{aligned} x_1 + x_2 + 2x_3 \quad\quad &= 0 \\ x_1 - x_2 \quad\quad - 2x_4 &= 0, \end{aligned}$$

da z.B. die ersten beiden Zeilen linear abhängig sind. Setzt man die Parameter

$$x_1 = 2u, \quad x_2 = 2v$$

ein, so folgt

$$\begin{aligned} x_3 &= -u - v \\ x_4 &= u - v. \end{aligned}$$

Der Eigenraum zum Eigenwert $\lambda = -4$ ist somit

$$x = \begin{pmatrix} 2 \\ 0 \\ -1 \\ 1 \end{pmatrix} \cdot u + \begin{pmatrix} 0 \\ 2 \\ -1 \\ -1 \end{pmatrix} \cdot v; \quad u, v \in \mathbb{R}.$$

Die Matrix

$$A - 5E = \begin{pmatrix} -8 & 2 & 3 & 1 \\ 2 & -8 & 3 & -1 \\ 3 & 3 & -3 & 0 \\ 1 & -1 & 0 & -11 \end{pmatrix}$$

hat den Rang 3. Da die 1. Zeile linear abhängig ist, lautet das Gleichungssystem $(A - 5E)\,x = 0$:

$$\begin{aligned} 2x_1 - 8x_2 + 3x_3 - x_4 &= 0 \\ 3x_1 + 3x_2 - 3x_3 \quad\quad &= 0 \\ x_1 - x_2 \quad\quad - 11x_4 &= 0. \end{aligned}$$

Addiert man die 2. Zeile zur 1. und dividiert die 2. Zeile durch 3, so erhält man

$$\begin{aligned} 5x_1 - 5x_2 \quad\quad - x_4 &= 0 \\ x_1 + x_2 - x_3 \quad\quad &= 0 \\ x_1 - x_2 \quad\quad - 11x_4 &= 0. \end{aligned}$$

Vergleicht man 1. und 3. Zeile, so folgt

$$x_4 = 0.$$

Setzt man $x_1 = u$, so folgt $x_2 = u$. Dies zeigt

$$x_3 = \frac{1}{2}u.$$

Der Eigenraum zu $\lambda = 5$ ist somit

$$\mathbf{x} = \begin{pmatrix} 2 \\ 2 \\ 1 \\ 0 \end{pmatrix} u; \quad u \in \mathbb{R}.$$

Die Matrix $\mathbf{A} + 7\mathbf{E}$ lautet

$$\begin{pmatrix} 4 & 2 & 3 & 1 \\ 2 & 4 & 3 & -1 \\ 3 & 3 & 9 & 0 \\ 1 & -1 & 0 & 1 \end{pmatrix},$$

ihr Rang ist 3. Streicht man z.B. die 1. Zeile, so ergibt sich das Gleichungssystem
$(\mathbf{A} + 7\mathbf{E})\mathbf{x} = \mathbf{0}$:

$$\begin{aligned} 2x_1 + 4x_2 + 3x_3 - x_4 &= 0 \\ x_1 + x_2 + 3x_3 \quad\;\; &= 0 \\ x_1 - x_2 \quad\quad + x_4 &= 0. \end{aligned}$$

Addiert man die 3. Zeile zur 1. und dividiert durch 3, so erhält man

$$\begin{aligned} x_1 + x_2 + x_3 \quad\;\; &= 0 \\ x_1 + x_2 + 3x_3 \quad\;\; &= 0 \\ x_1 - x_2 \quad\quad + x_4 &= 0. \end{aligned}$$

Subtraktion von 1. und 2. Zeile zeigt

$$x_3 = 0.$$

Setzt man

$$x_2 = u,$$

so folgt

$$x_1 = -u$$

und schließlich

$$x_4 = 2u.$$

Der Eigenraum zum Eigenvektor -7 ist somit

$$\mathbf{x} = \begin{pmatrix} -1 \\ 1 \\ 0 \\ 2 \end{pmatrix} u; \quad u \in \mathbb{R}.$$

Normiert man die Eigenvektoren nach der *Euklidischen Norm* $\| \, \|_2$, so ergibt sich die Transformationsmatrix

$$\mathbf{T} = \frac{1}{\sqrt{6}} \begin{pmatrix} 2 & 0 & 1 & -1 \\ 0 & 2 & 1 & 1 \\ -1 & -1 & 2 & 0 \\ 1 & -1 & 0 & 2 \end{pmatrix}.$$

Wie man sieht, ist $\mathbf{T}$ orthogonal, die Transponierte $\mathbf{T}^T$ ist somit Inverse:

$$\mathbf{T}^{-1} = \frac{1}{\sqrt{6}} \begin{pmatrix} 2 & 0 & -1 & 1 \\ 0 & 2 & -1 & -1 \\ 1 & 1 & 2 & 0 \\ -1 & 1 & 0 & 2 \end{pmatrix}.$$

Ausmultiplizieren zeigt, daß gilt

$$\mathbf{T}^{-1}\mathbf{A}\mathbf{T} = \begin{pmatrix} -4 & 0 & 0 & 0 \\ 0 & -4 & 0 & 0 \\ 0 & 0 & 5 & 0 \\ 0 & 0 & 0 & -7 \end{pmatrix} = \mathbf{D}.$$

19.6 Normalform einer normalisierbaren Matrix

Gesucht ist die Normalform der Matrix

$$\mathbf{A} = \begin{pmatrix} 3 & 2 & 2 & -4 \\ 2 & 3 & 2 & -1 \\ 1 & 1 & 2 & -1 \\ 2 & 2 & 2 & -1 \end{pmatrix}.$$

Wegen

$$\mathbf{A}\mathbf{A}^T \neq \mathbf{A}^T\mathbf{A}$$

ist $\mathbf{A}$ nicht normal. Das charakteristische Polynom berechnet sich mit Hilfe von Programm 8 zu

$$\det(\mathbf{A} - \lambda\mathbf{E}) = \lambda^4 - 7\lambda^3 + 17\lambda^2 - 17\lambda + 6 = (\lambda - 1)^2(\lambda - 2)(\lambda - 3)$$

Eigenwerte sind somit 1 (zweifach), 2 und 3.

Die Eigenvektoren zu $\lambda = 1$ berechnen sich aus dem Gleichungssystem $(\mathbf{A} - \mathbf{E})\mathbf{x} = \mathbf{0}$ mit

$$\mathbf{A} - \mathbf{E} = \begin{pmatrix} 2 & 2 & 2 & -4 \\ 2 & 2 & 2 & -1 \\ 1 & 1 & 1 & -2 \end{pmatrix}.$$

Da diese Matrix den Rang 2 hat, ist das System

$$2x_1 + 2x_2 + 2x_3 - 4x_4 = 0$$
$$2x_1 + 2x_2 + 2x_3 - x_4 = 0$$

zu lösen. Subtraktion beider Gleichungen zeigt

$$x_4 = 0.$$

Mit den Parametern

$$x_2 = u, \quad x_3 = v$$

folgt

$$x_1 = -u - v.$$

Der Eigenraum zu $\lambda = 1$ ist somit

$$x = \begin{pmatrix} -1 \\ 1 \\ 0 \\ 0 \end{pmatrix} u + \begin{pmatrix} -1 \\ 0 \\ 1 \\ 0 \end{pmatrix} v; \quad u, v \in \mathbb{R}.$$

Die Matrix

$$A - 2E = \begin{pmatrix} 1 & 2 & 2 & -4 \\ 2 & 1 & 2 & -1 \\ 1 & 1 & 0 & -1 \\ 2 & 2 & 2 & -3 \end{pmatrix}$$

hat den Rang 3. Das Gleichungssystem $(A - 2E)\,x = 0$ reduziert sich daher auf

$$\begin{aligned} x_1 + 2x_2 + 2x_3 - 4x_4 &= 0 \\ 2x_1 + x_2 + 2x_3 - x_4 &= 0 \\ x_1 + x_2 \qquad - x_4 &= 0. \end{aligned}$$

Setzt man den Parameter

$$x_4 = 2u,$$

so folgt durch Subtraktion der ersten beiden Zeilen

$$-x_1 + x_2 = 6u.$$

Addition zur 3. Zeile ergibt

$$x_2 = 4u \quad \text{und} \quad x_1 = -2u.$$

Der Eigenraum zu $\lambda = 2$ ist, damit

$$x = \begin{pmatrix} -2 \\ 4 \\ 1 \\ 2 \end{pmatrix} u; \quad u \in \mathbb{R}.$$

Die Matrix

$$A - 3E = \begin{pmatrix} 0 & 2 & 2 & -4 \\ 2 & 0 & 2 & -1 \\ 1 & 1 & -1 & -1 \\ 2 & 2 & 2 & -4 \end{pmatrix}$$

hat den Rang 3. Das Gleichungssystem $(A - 3E)\,x = 0$ reduziert sich auf

$$\begin{aligned} 2x_2 + 2x_3 - 4x_4 &= 0 \\ 2x_1 \qquad + 2x_3 - x_4 &= 0 \\ x_1 + x_2 - x_3 - x_4 &= 0. \end{aligned}$$

Setzt man $x_4 = 2u$, so folgt aus den ersten beiden Gleichungen

$$\begin{aligned} x_2 &= 4u - x_3 \\ x_1 &= 2u - 2x_3. \end{aligned}$$

Einsetzen in die 3. Gleichung ergibt $x_3 = u$ und damit

$$x_1 = 0, \quad x_2 = 3u.$$

Der Eigenraum zu $\lambda = 3$ ist damit

$$\mathbf{x} = \begin{pmatrix} 0 \\ 3 \\ 1 \\ 2 \end{pmatrix} u; \quad u \in \mathbb{R}.$$

Da der Rangabfall der Matrizen $(\mathbf{A} - \lambda_i \mathbf{E})$ gleich der Anzahl der zugehörigen Eigenvektoren ist, ist $\mathbf{A}$ normalisierbar.
Aus den Eigenvektoren erhält man die Transformationsmatrix

$$\mathbf{T} = \begin{pmatrix} -1 & -1 & -2 & 0 \\ 1 & 0 & 4 & 3 \\ 0 & 1 & 1 & 1 \\ 0 & 0 & 2 & 2 \end{pmatrix}.$$

Mit der inversen Transformationsmatrix

$$\mathbf{T}^{-1} = \begin{pmatrix} 1 & 2 & 1 & -3.5 \\ 0 & 0 & 1 & -0.5 \\ -1 & -1 & -1 & 2 \\ 1 & 1 & 1 & -1.5 \end{pmatrix}$$

ergibt die Kontrollrechnung

$$\mathbf{T}^{-1} \mathbf{A} \mathbf{T} = \begin{pmatrix} 1 & 0 & 0 & 0 \\ 0 & 1 & 0 & 0 \\ 0 & 0 & 2 & 0 \\ 0 & 0 & 0 & 3 \end{pmatrix} = \mathbf{D}.$$

19.7 Normalform einer nichtdiagonalähnlichen Matrix

Gesucht ist die Normalform der Matrix

$$\mathbf{A} = \begin{pmatrix} 1 & 1 & 0 & 1 \\ 0 & 2 & 0 & 0 \\ -1 & 1 & 2 & 1 \\ -1 & 1 & 0 & 3 \end{pmatrix}.$$

Die zugehörige charakteristische Gleichung ist

$$\det(\mathbf{A} - \lambda \mathbf{E}) = \lambda^4 - 8\lambda^3 + 24\lambda^2 - 32\lambda + 16 = (\lambda - 2)^4$$

$\lambda = 2$ ist somit vierfacher Eigenwert. Die Matrix

$$\mathbf{A} - 2\mathbf{E} = \begin{pmatrix} -1 & 1 & 0 & 1 \\ 0 & 0 & 0 & 0 \\ -1 & 1 & 0 & 1 \\ -1 & 1 & 0 & 1 \end{pmatrix}$$

hat den Rang 1. Da der Rangabfall ungleich der Vielfachheit der Eigenwerte ist, ist die Matrix nicht diagonalähnlich. Um den Rangabfall zu erhöhen, wird $A - 2E$ quadriert. Es folgt

$$(A - 2E)^2 = 0.$$

Da die Nullmatrix den Rang Null hat, ist der gesuchte Rangabfall erreicht. Der Nullraum von $A - 2E$ wird etwa von den Vektoren

$$a_1 = (1, 1, 0, 0)^T$$
$$a_2 = (0, 1, 0, -1)^T$$
$$a_3 = (0, 0, 1, 0)^T$$

aufgespannt. Ein zu a_1, a_2, a_3 linear unabhängiger Vektor ist

$$a_4 = (0, 0, 0, 1)^T$$

$(A - 2E) a_4$ liefert den Vektor

$$a_5 = (1, 0, 1, 1)^T.$$

Zwei zu a_4 und a_5 lineare unabhängige Vektoren aus dem Nullraum von $A - 2E$ sind z.B. a_2 und a_3. Ordnet man die Vektoren wie folgt an (a_5, a_4, a_2, a_3), so erhält man die Transformationsmatrix

$$T = \begin{pmatrix} 1 & 0 & 0 & 0 \\ 0 & 0 & 1 & 0 \\ 1 & 0 & 0 & 1 \\ 1 & 1 & -1 & 0 \end{pmatrix}.$$

Die zugehörige Inverse lautet

$$T^{-1} = \begin{pmatrix} 1 & 0 & 0 & 0 \\ -1 & 1 & 0 & 1 \\ 0 & 1 & 0 & 0 \\ -1 & 0 & 1 & 0 \end{pmatrix}.$$

Ausmultiplizieren liefert

$$T^{-1} A T = \begin{pmatrix} 2 & 1 & 0 & 0 \\ 0 & 2 & 0 & 0 \\ 0 & 0 & 2 & 0 \\ 0 & 0 & 0 & 2 \end{pmatrix} = J$$

die gesuchte *Jordan-Normalform*.
Diese *Jordanform* ist nicht eindeutig bestimmt; die Anordnung der *Jordan-„Kästchen"* kann variieren. Die Art der Kästchen ist durch die Struktur der Matrix vorgegeben [40].

19.8 Lösung eines linearen Differentialgleichungssystems

Gesucht ist die Lösung des Differentialgleichungssystems

$$\mathbf{y}' = \mathbf{A}\mathbf{y} + \mathbf{f}$$

mit

$$\mathbf{A} = \begin{pmatrix} -1 & 2 & -3 \\ 2 & 2 & -6 \\ -1 & -2 & 1 \end{pmatrix} \quad \text{und} \quad \mathbf{f} = \begin{pmatrix} -1 \\ 0 \\ 4x+3 \end{pmatrix}.$$

Die Matrix $\mathbf{A}$ hat die Eigenwerte -2 (zweifach) und 6. Eigenvektoren zu $\lambda = 2$ sind

$$(-2, 1, 0)^T \quad \text{und} \quad (3, 0, 1)^T.$$

Eigenvektor zu $\lambda = 6$ ist

$$(-1, -2, 1)^T.$$

Die allgemeine Lösung des zugehörigen homogenen Systems ist somit

$$\mathbf{y}(x) = \left(c_1 \begin{pmatrix} -2 \\ 1 \\ 0 \end{pmatrix} + c_2 \begin{pmatrix} 3 \\ 0 \\ 1 \end{pmatrix} \right) e^{-2x} + c_3 \begin{pmatrix} -1 \\ -2 \\ 1 \end{pmatrix} e^{6x}.$$

Da $\mathbf{f}$ nur linear ist, macht für eine spezielle Lösung des inhomogenen Systems den Ansatz

$$\mathbf{y} = \begin{pmatrix} a_1 + b_1 x \\ a_2 + b_2 x \\ a_3 + b_3 x \end{pmatrix}.$$

Einsetzen in das Differentialgleichungssystem liefert die Gleichungssysteme

$$\begin{pmatrix} -1 & 2 & -3 \\ 2 & 2 & -6 \\ -1 & -2 & 1 \end{pmatrix} \begin{pmatrix} b_1 \\ b_2 \\ b_3 \end{pmatrix} = \begin{pmatrix} 0 \\ 0 \\ -4 \end{pmatrix} \tag{1}$$

und

$$\begin{pmatrix} -1 & 2 & -3 \\ 2 & 2 & -6 \\ -1 & -2 & 1 \end{pmatrix} \begin{pmatrix} a_1 \\ a_2 \\ a_3 \end{pmatrix} = \begin{pmatrix} b_1 + 1 \\ b_2 \\ b_3 - 3 \end{pmatrix}. \tag{2}$$

Setzt man die Lösung von Gl. (1)

$$\mathbf{b} = (1, 2, 1)^T$$

in Gl. (2) ein, so folgt

$$\mathbf{a} = (0, 1, 0)^T.$$

Eine spezielle inhomogene Lösung ist somit

$$\mathbf{y} = \begin{pmatrix} x \\ 2x+1 \\ x \end{pmatrix}.$$

Die allgemeine Lösung des inhomogenen Systems ist dann die Summe beider Lösungen

$$y(x) = (c_1 \begin{pmatrix} -2 \\ 1 \\ 0 \end{pmatrix} + c_2 \begin{pmatrix} 3 \\ 0 \\ 1 \end{pmatrix}) e^{-2x} + c_3 \begin{pmatrix} -1 \\ -2 \\ 1 \end{pmatrix} e^{6x} + \begin{pmatrix} 1 \\ 2 \\ 1 \end{pmatrix} x + \begin{pmatrix} 0 \\ 1 \\ 0 \end{pmatrix}.$$

Sind Anfangsbedingungen vorgegeben, so müssen die Konstanten c_1, c_2 und c_3 passend gewählt werden.

19.9 Lösung einer nichtlinearen Matrixgleichung

Gesucht ist die Lösung X der Matrizengleichung

$$X^2 = A$$

mit

$$A = \begin{pmatrix} 3 & 2 \\ 1 & 2 \end{pmatrix}.$$

Ist T die nichtsinguläre Transformationsmatrix, die A auf Normalform überführt, so gilt

$$T^{-1} A T = J$$

oder

$$A = T J T^{-1}.$$

Für jede durch eine Potenzreihe darstellbare Matrizenfunktion $f(A)$ gilt

$$f(A) = T \, f(J) \, T^{-1}. \tag{1}$$

A hat die Eigenwerte 1 und 4. Die zugehörigen Eigenvektoren sind

$$\begin{pmatrix} 1 \\ -1 \end{pmatrix} \quad \text{und} \quad \begin{pmatrix} 2 \\ 1 \end{pmatrix}.$$

Somit gilt

$$T = \begin{pmatrix} 1 & 2 \\ -1 & 1 \end{pmatrix} \quad \text{und} \quad T^{-1} = \frac{1}{3} \begin{pmatrix} 1 & -2 \\ 1 & 1 \end{pmatrix}.$$

Die Normalform ergibt sich daraus zu

$$J = \begin{pmatrix} 1 & 0 \\ 0 & 4 \end{pmatrix};$$

$f(J)$ ist somit

$$\pm \begin{pmatrix} 1 & 0 \\ 0 & 2 \end{pmatrix} \quad \text{und} \quad \pm \begin{pmatrix} 1 & 0 \\ 0 & -2 \end{pmatrix}.$$

Wendet man auf diese Matrizen die Transformation Gl. (1) an, so ergeben sich die gesuchten Lösungen der Matrixgleichung zu

$$\pm \frac{1}{3} \begin{pmatrix} 5 & 2 \\ 1 & 4 \end{pmatrix} \quad \text{und} \quad \pm \begin{pmatrix} 1 & 2 \\ 1 & 0 \end{pmatrix}.$$

19.10 Hauptachsentransformation eines Trägheitstensors

Die Komponenten eines Trägheitstensors θ berechnen sich aus den Raumintegralen

$$\theta_{ik} = \int [(x_1^2 + x_2^2 + x_3^2)\,\delta_{ik} - x_i x_k]\,dm;$$

dabei ist

$$\delta_{ik} = \begin{cases} 1 & \text{für } i = k \\ 0 & \text{für } i \neq k. \end{cases}$$

Für einen homogenen Würfel der Kantenlänge a gilt

$$dm = \frac{m}{a^3}\,dx_1\,dx_2\,dx_3\,.$$

Damit folgt

$$\theta_{11} = \frac{m}{a^3} \int_0^a \int_0^a \int_0^a (x_2^2 + x_3^2)\,dx_1\,dx_2\,dx_3 = \frac{2}{3}\,ma^2$$

entsprechend

$$\theta_{22} = \theta_{33} = \frac{2}{3}\,ma^2\,.$$

Analog ergibt sich

$$\theta_{12} = -\frac{m}{a^3} \int_0^a \int_0^a \int_0^a x_1 x_2\,dx_1\,dx_2\,dx_3 = -\frac{1}{4}\,ma^2$$

$$\theta_{23} = \theta_{13} = -\frac{1}{4}\,ma^2\,.$$

Da der Tensor als symmetrische Matrix angesehen werden kann, gilt

$$\theta = \frac{1}{12}\,ma^2 \begin{pmatrix} 8 & -3 & -3 \\ -3 & 8 & -3 \\ -3 & -3 & 8 \end{pmatrix}.$$

Die Eigenwerte der Matrix sind $\lambda = 2$ und $\lambda = 11$ (zweifach). Die Hauptträgheitsmomente von θ ergeben sich daraus zu

$$\theta_1 = \frac{1}{6}\,ma^2$$

$$\theta_2 = \theta_3 = \frac{11}{12}\,ma^2\,.$$

Das Trägheitsellipsoid hat somit zwei gleichlange Halbachsen

$$a_1 = \frac{1}{\sqrt{\theta_1}}$$

$$a_2 = a_3 = \frac{1}{\sqrt{\theta_2}} \; .$$

Die Achsen der Hauptträgheitsmomente sind durch die Eigenvektoren gegeben

$$\mathbf{x}_1 = \frac{1}{\sqrt{3}}\,(1, 1, 1)^{\mathrm{T}}$$

$$\mathbf{x}_2 = \frac{1}{\sqrt{2}}\,(1, -1, 0)^{\mathrm{T}}$$

$$\mathbf{x}_3 = \frac{1}{\sqrt{6}}\,(1, 1, -2)^{\mathrm{T}} \; .$$

$\mathbf{x}_3$ wurde dabei so gewählt, daß die Hauptachsen ein orthonormiertes Rechtssystem bilden. In dem von den Hauptachsen aufgespannten Koordinatensystem hat der Trägheitstensor Diagonalform:

$$\theta_{\mathrm{HA}} = \frac{1}{12}\,ma^2 \begin{pmatrix} 2 & 0 & 0 \\ 0 & 11 & 0 \\ 0 & 0 & 11 \end{pmatrix} \; .$$

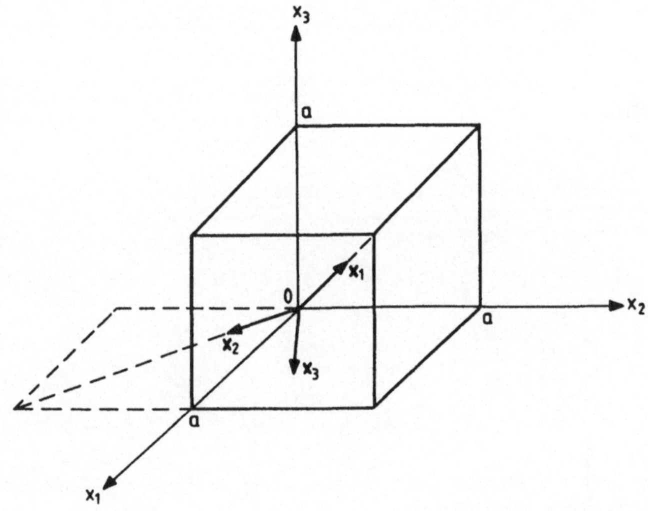

19.11 Klassifikation von Flächen zweiter Ordnung

Jeder Fläche zweiter Ordnung läßt sich als quadratische Form

$$x^T Ax + 2a^T x + b = 0$$

schreiben. Für die Fläche in kartesischen Koordinaten

$$F: 5x_1^2 + 8x_2^2 + 5x_3^2 + 4x_1 x_2 + 8x_1 x_3 - 4x_2 x_3 - 10x_1 - 4x_2 - 8x_3 + \frac{11}{4} = 0$$

gilt z.B.

$$A = \begin{pmatrix} 5 & 2 & 4 \\ 2 & 8 & -2 \\ 4 & -2 & 5 \end{pmatrix} \qquad a = \begin{pmatrix} -5 \\ -2 \\ -4 \end{pmatrix} \qquad b = \frac{11}{4}.$$

Falls F einen Mittelpunkt m besitzt, genügt dieser der Gleichung

$$Am = -a.$$

Dieses lineare Gleichungssystem hat hier eine einparametrige Lösung

$$m = \begin{pmatrix} 1 \\ 0 \\ 0 \end{pmatrix} + u \begin{pmatrix} -2 \\ 1 \\ 2 \end{pmatrix}.$$

F besitzt somit eine Rotationsachse.
A besitzt das charakteristische Polynom

$$p(\lambda) = -\lambda^3 + 18\lambda^2 - 81\lambda$$

und somit die Eigenwerte

$$\lambda_1 = 0, \quad \lambda_2 = 9 \text{ (zweifach)}.$$

Der Rang der Matrix ist somit

$$Rg(A) = 2.$$

Für die erweiterte Matrix

$$A_e = \begin{pmatrix} A & \vdots & a \\ \cdots & + & \cdots \\ a^T & \vdots & b \end{pmatrix}$$

gilt

$$A_e = \begin{pmatrix} 5 & 2 & 4 & -5 \\ 2 & 8 & -2 & -2 \\ 4 & -2 & 5 & -4 \\ -5 & -2 & -4 & 2.75 \end{pmatrix}.$$

Der zugehörige Rang ist

$$Rg(A_e) = 3.$$

Nach dem *Sylvesterschen Trägheitssatz* ist nicht nur der Rang, sondern auch die Anzahl der positiven Eigenwerte, Index genannt, eine Invariante unter orthogonalen Transformationen. Die Ränge $Rg(A)$ und $Rg(A_e)$ und der Index können daher zur Klassifikation herangezogen werden. Es gilt [16]

$Rg\,(A)$	$Rg\,(A_e)$	Index	
3	3	3	Doppelpunkt
3	3	2	Kegel
2	2	2	Doppelgerade
2	2	1	2 sich schneidende Ebenen
1	1	1	Doppelebene
3	4	3	Ellipsoid
3	4	2	Einschaliges Hyperboloid
3	4	1	Zweischaliges Hyperboloid
2	3	2	Elliptischer Zylinder
2	3	1	Hyperbolischer Zylinder
1	2	1	2 parallele Ebenen
2	4	2	Elliptisches Paraboloid
2	4	1	Hyperbolisches Paraboloid
1	3	1	Parabolischer Zylinder

F ist somit ein spezieller elliptischer Zylinder. Da **A** zwei gleiche Eigenwerte und F eine Drehachse aufweisen, ist F sogar ein Drehzylinder.

Zur Aufstellung der Normalform des Zylinders benötigt man noch die Transformationsmatrix **T**. Eigenvektor zum Eigenwert $\lambda = 0$ ist $(-2, 1, 2)^T$ (vgl. Drehachse).

Eigenvektoren zu $\lambda = 2$ sind $(2, 2, 1)^T$ und $(1, -2, 2)^T$. Die orthogonale Transformationsmatrix ist damit

$$\mathbf{T} = \frac{1}{3} \begin{pmatrix} -2 & 1 & 2 \\ 1 & -2 & 2 \\ 2 & 2 & 1 \end{pmatrix}.$$

Ausführen der Transformation $\mathbf{x} = \mathbf{T}\mathbf{y}$ zeigt

$$\mathbf{y}^T \mathbf{T}^T \mathbf{A}\mathbf{T}\mathbf{y} + 2\mathbf{a}^T \mathbf{T}\mathbf{y} + b = 0.$$

Wegen

$$\mathbf{T}^T \mathbf{A}\mathbf{T} = \mathbf{D} = \begin{pmatrix} 0 & 0 & 0 \\ 0 & 9 & 0 \\ 0 & 0 & 9 \end{pmatrix} \quad \text{und} \quad \mathbf{a}^T \mathbf{T} = (0, -3, -6)^T$$

folgt schließlich

$$F: 9y_2^2 + 9y_3^2 - 6y_2 - 12y_3 + \frac{11}{4} = 0.$$

19.12 Aufstellen einer Schalt-Termmatrix

Faßt man einen Verzweigungspunkt einer elektrischen Schaltung als Knoten eines Graphen auf, so läßt sich die zugehörige Adjazenzmatrix A aufstellen. Für die Schalter werden die Wahrheitswerte 1 (= geschlossen) und 0 (= geöffnet) eingeführt. Der Brückenschaltung entspricht dann die Adjazenzmatrix

$$A = \begin{pmatrix} 0 & 0 & a & c \\ 0 & 0 & b & d \\ a & b & 0 & e \\ c & d & e & 0 \end{pmatrix}.$$

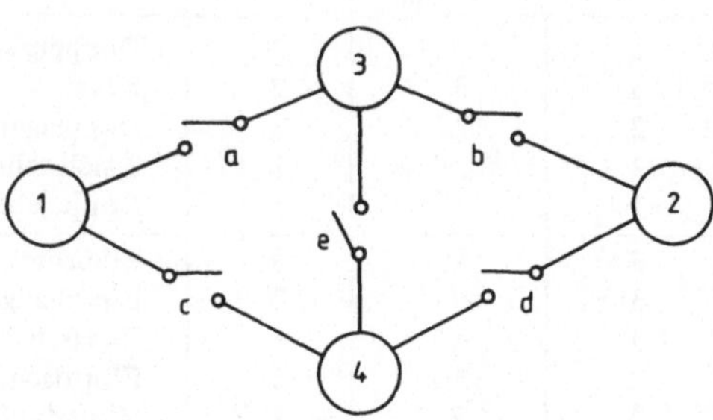

Neben dem im Abschnitt 5.1 behandelten Booleschen Produkt von Relationsmatrizen läßt sich natürlich auch eine Boolesche Addition definieren:

$$0 \oplus 0 = 0; \quad 0 \oplus 1 = 1$$
$$1 \oplus 0 = 1; \quad 1 \oplus 1 = 1.$$

Die Boolesche Addition von Matrizen kann wie die gewöhnliche Addition berechnet werden, wenn alle Summen ungleich Null Eins gesetzt werden. Weil jeder Knoten mit sich leitend verbunden ist, liefert $A \oplus E$ die sogenannte (Schalt-)Termmatrix. Hier gilt

$$A \oplus E = \begin{pmatrix} 1 & 0 & a & c \\ 0 & 1 & b & d \\ a & b & 1 & e \\ c & d & e & 1 \end{pmatrix}.$$

Analog zur Erreichbarkeitsmatrix eines Graphen (Abschnitt 8.1) gibt die Matrix

$$(A \oplus E)^{n-1}$$

an, welche Knoten der Schaltung miteinander leitend verbunden sind. Dabei ist n wieder die Zahl der Knoten; die Potenz ist im Booleschen Sinne zu verstehen. Da obige Schaltung 4 Knoten hat, ist hier

$$(A \oplus E)^3$$

zu ermitteln. Mit

$$(A \oplus E)^2 = \begin{pmatrix} 1 & ab+cd & a+ce & c+ae \\ ab+cd & 1 & b+de & d+be \\ a+ce & b+de & 1 & e+ac+bd \\ c+ae & d+be & e+ac+bd & 1 \end{pmatrix}$$

ergibt sich

$$(A \oplus E)^3 = \begin{pmatrix} 1 & ab + cd + ade + bce & a + ce + bcd & c + ae + abd \\ ab + cd + ade + bce & 1 & b + de + acd & d + be + abc \\ a + ce + bcd & b + de + acd & 1 & e + ac + bd \\ c + ae + abd & d + be + abc & e + ac + bd & 1 \end{pmatrix}$$

Die Summen innerhalb der einzelnen Matrixelemente sind ebenfalls im Booleschen Sinne zu verstehen. So ist z.B. Knoten 1 mit 2 leitend verbunden, wenn ab oder cd oder ade oder bce wahr ist. Also muß mindestens eine der folgenden Schalterkombinationen geschlossen sein:

    a und b
    c und d
    a und d und e
    b und c und e.

Literaturverzeichnis

[1] *Aitken, A. C.:* Determinanten und Matrizen. Mannheim, Wien, Zürich: Bibliographisches Institut 1969.

[2] *Ayres, F.:* Matrizen, Theorie und Anwendungen. Düsseldorf, New York: McGraw Hill 1978.

[3] *Bachmann, W., Haake, R.:* Matrizenrechnung für Ingenieure. Berlin, Heidelberg, New York: Springer 1982.

[4] *Becker, J., Dreyer, H. J., Haake, W., Nabert, R.:* Numerische Mathematik für Ingenieure. Stuttgart: Teubner 1972.

[5] *Bliefernich, M., Gryck, M., Pfeifer, M., Wagner, C. J.:* Aufgaben zur Matrizenrechnung und linearen Optimierung. Würzburg, Wien: Physika-Verlag 1968.

[6] *Borewitsch, S. I.:* Determinanten und Matrizen. Leipzig: Teubner 1972.

[7] *Dietrich, G., Stahl, H.:* Matrizen und Determinanten. Thun, Frankfurt/Main: Harri Deutsch 1978[V].

[8] *Edminister, J. A.:* Electric Circuits. New York, London, Düsseldorf: McGraw Hill 1972[II].

[9] *Eltermann, H.:* Grundlagen der praktischen Matrizenrechnung. Mannheim, Wien, Zürich: Bibliographisches Institut 1969.

[10] *Feller, W.:* An Introduction to Probability Theory and its Applications I. New York, London, Sydney: John Wiley 1958[III].

[11] *Ferschl, F.:* Markovketten. Berlin, Heidelberg, New York: Springer 1970.

[12] *Fritz, F. J., Huppert, B., Willems, W.:* Stochastische Matrizen. Berlin, Heidelberg, New York: Springer 1979.

[13] *Goodman, A. W., Ratti, J. S.:* Finite Mathematics with Applications. New York, London: Macmillan 1971.

[14] *Gröbner, W.:* Matrizenrechnung. Mannheim, Wien, Zürich: Bibliographisches Institut 1966.

[15] *Hadeler, K. P.:* Mathematik für Biologen. Berlin, Heidelberg, New York: Springer 1974.

[16] *Heinhold, J., Riedmüller, B.:* Lineare Algebra und Analytische Geometrie I, II. München: Hanser 1971.

[17] *Heise, W., Quattrocchi, W.:* Informations- und Codierungstheorie. Berlin, Heidelberg, New York: Springer 1983.

[18] *Henze, E., Homuth, H. H.:* Einführung in die Codierungstheorie. Braunschweig: Vieweg 1974.

[19] *Herrmann, D.:* Numerische Mathematik – 40 BASIC-Programme. Braunschweig, Wiesbaden: Vieweg 1983.

[20] *Herrmann, D.:* Wahrscheinlichkeitsrechnung und Statistik – 30 BASIC-Programme. Braunschweig, Wiesbaden: Vieweg 1983.

[21] *Herrmann, D.:* Programmierprinzipien in BASIC und Pascal. Braunschweig, Wiesbaden: Vieweg 1984.

[22] *Herrmann, D.:* Datenstrukturen in Pascal und BASIC. Braunschweig, Wiesbaden: Vieweg 1984.

[23] *Kemeny, J. G., Snell, J. L.:* Finite Markov Chains. New York, Berlin, Heidelberg: Springer 1976[II].

[24] *Kemeny, J. G., Snell, J. L., Thomson, G. L.:* Einführung in die endliche Mathematik. Ludwigshafen: Fachverlag für Wirtschaftstheorie und Ökonometrie 1963.

[25] *Kliemann, W., Müller, N.:* Logik und Mathematik für Sozialwissenschaftler 2. München: Wilhelm Fink 1976.

[26] *Künzi, H. P., Krelle, W.:* Nichtlineare Programmierung. Berlin, Göttingen, Heidelberg: Springer 1962.

[27] *Müller-Merbach, H.:* Mathematik für Wirtschaftswissenschaftler 1. München: Franz Vahlen 1974.

[28] *Lidl, R., Pilz, G.:* Angewandte abstrakte Algebra II. Mannheim, Wien, Zürich: Bibliographisches Institut 1982.

[29] *Neiß, F.:* Determinanten und Matrizen. Berlin, Heidelberg, New York: Springer 1967[V].

[30] *Perl, J.:* Graphentheorie. Wiesbaden: Akademische Verlagsgesellschaft 1981.

[31] *Rorres, L., Anton, H.:* Applications of Linear Algebra. New York, Chicester, Brisbane: John Wiley 1979[II].

[32] *Rühl, H.:* Matrizen und Determinanten in elektronischen Schaltungen. Heidelberg: Hüthig 1977.

[33] *Schwarz, H. R., Rutishauser, H., Stiefel, E.:* Numerik symmetrischer Matrizen. Stuttgart: Teubner 1972[II].

[34] *Tropper, A. M.:* Matrizenrechnung in der Elektrotechnik. Mannheim, Wien, Zürich: Bibliographisches Institut 1964.

[35] *Vajda, S.:* Einführung in die Linearplanung und in die Theorie der Spiele. München, Wien: Oldenbourg 1973.

[36] *Vogel, F.:* Matrizenrechnung in der Betriebswirtschaft. Opladen: Westdeutscher Verlag 1970.

[37] *Waller, H., Krings, W.:* Matrizenmethoden in der Maschinen- und Bauwerksdynamik. Mannheim, Wien, Zürich: Bibliographisches Institut 1975.

[38] *Weber, H. H.:* Einige Erweiterungen der linearen Programmierung. Frankfurt/Main: Akademische Verlagsgesellschaft 1975.

[39] *Wirth, N.:* Algorithmen und Datenstrukturen. Stuttgart: Teubner 1979[II].

[40] *Zurmühl, R.:* Matrizen und ihre technischen Anwendungen. Berlin, Heidelberg, Göttingen: Springer 1964[IV].

Sachwortverzeichnis